氦
日渐消失的元素

[美]惠勒·小波·西尔斯（Wheeler M. "Bo" Sears, Jr） 著

范立勇　赵伟波　康　锐　译

石油工业出版社

内 容 提 要

本书详细阐述了氦元素的特性、起源，以及它在科学、技术和医学等多个领域的关键作用；本书不仅细致解读了氦的原子结构、化学与物理属性等基础性质，还深入追溯了氦的生成与存在；详尽探讨了氦在各学科领域的多元应用、全球氦资源的地理分布，以及当前开采的现实状况和所遭遇的挑战，并提出了一系列富有洞见的解决策略，旨在提升氦的开采效率、探索潜在的替代资源，并强化国际间的协作，以应对氦资源的日益稀缺。

本书兼具科普性、理论性和资料性，可供从事科学探索、技术创新以及环境保护工作的读者参考。

图书在版编目（CIP）数据

氦：日渐消失的元素 /（美）惠勒·小波·西尔斯著；范立勇，赵伟波，康锐译 . -- 北京：石油工业出版社，2024. 10. -- ISBN 978-7-5183-6868-6
Ⅰ . O613.11
中国国家版本馆 CIP 数据核字第 2024WB5271 号

First published in English under the title
Helium: The Disappearing Element
by Wheeler M. "Bo" Sears, Jr.

Copyright © Wheeler M. "Bo" Sears, Jr., 2015
This edition has been translated and published under licence from Springer Nature Switzerland AG.

本书经 Springer Nature 授权石油工业出版社有限公司翻译出版。版权所有，侵权必究。

北京市版权局著作权合同登记号：01—2024—3495

出版发行：石油工业出版社
（北京安定门外安华里 2 区 1 号楼　100011）
网　　址：www.petropub.com
编辑部：（010）64210387　图书营销中心：（010）64523633
经　　销：全国新华书店
印　　刷：北京九州迅驰传媒文化有限公司

2024 年 10 月第 1 版　2024 年 10 月第 1 次印刷
710×1000 毫米　开本：1/16　印张：8.25
字数：260 千字

定价：58.00 元
（如出现印装质量问题，我社图书营销中心负责调换）
版权所有，翻印必究

译者前言

氦气作为一种稀缺资源，具有极高的战略价值。在航天、半导体、潜水等领域，氦气都有着广泛的应用。在航天领域，氦气被用于净化氢气系统，输送液氢、液氧的加压气体，也可以作为气象和其他观测气球的升力源。在半导体领域，氦气因其几乎不与任何物质反应的特性，成为制造过程中的必需品。在潜水领域，氦气混合气体能有效避免潜水员上浮时可能出现的减压病，使潜水者能在水下更深处停留更长时间。在核磁共振成像（MRI）领域，氦气是确保超导体材料正常运作的关键。

中国作为世界上最大的制造业国家之一，对氦气的需求日益增长。随着科技的不断发展，氦气在超导、量子计算等前沿领域的应用潜力逐渐显现。中国在这些领域的研究和发展正处于关键时期，加强氦气研究有助于推动相关领域的科技创新，为中国在全球科技竞争中赢得先机。同时氦气作为一种战略资源，其供应稳定性对于国家安全具有重要意义。目前，全球氦气资源的分布极不均衡，而中国对氦气的需求在很大程度上依赖进口。美国不仅是中国氦气的主要进口来源国，也是氦气工业化的先驱国家。因此，深入了解美国在氦气研究方面的进展对于中国在这一关键领域的发展具有重要的参考价值。通过借鉴和学习美国的经验，中国可以更好地规划和推动自身的氦气研究与应用，从而在全球科技舞台上占据更加有利的位置。

本书的翻译工作是由中国石油长庆油田公司勘探开发研究院的团队精心完成的。在此过程中，有幸得到了西北大学杨钊教授的大力支持与专业指导。为了确保翻译的准确性与专业性，广泛查阅了众多相关资料。在此，向参与翻译工作的惠洁、季海锟、文彩霞、贾丽、贾亚妮等同事表达最诚挚的谢意。

  本书不仅可以作为中学和大学化学、物理以及天文学等相关学科的辅助教材，还可以作为科普活动的重要参考资料，引导学生深入探索氦元素的独特性质及其广泛应用。书中丰富的内容和案例，为科普工作者提供了宝贵的素材，激发他们向公众传播氦元素相关知识的热情。此外，本书也非常适合那些对科学探索、技术创新以及环境保护抱有浓厚兴趣的广大读者，将为他们提供一个全面了解氦元素的窗口，开启一段科学知识的探索之旅。

  由于译者水平有限，书中难免存在疏漏和不足之处，敬请广大读者批评指正。

前言

当我告诉朋友和同事我正在写一本关于氦的书时,我首先遇到的是皱起的眉头和评论,"你为什么要写一本关于氦的书?"在决定动笔之前,我思考了很长一段时间。我的意思是,为什么氦有趣?我推测,绝大多数人只认为氦气用于玩具气球和飞艇。因此,对他们来说,我想这将是相当无聊的。那时我突然意识到,需要进行一些科普,了解这个对大量高科技应用至关重要的元素,以防止其浪费。氦是宇宙中第二丰富的元素,但实际上它在地球上非常罕见。我将在书中解释这种矛盾,但关键是目前面临着全球物资短缺,如果没有它,工业和科学研究的许多方面将陷入停滞。有观点认为,通常售价为1美元左右的玩具气球实际上应该卖到50美元以上,以从根本上防止气球行业的氦浪费。在无数生日聚会上使用的乳胶气球或铝箔气球里的氦气最终都会从气球里被放出,进入大气层,永远消失。原先在气球里的氦气将在大气层中找到一个家,与气流混合一到两年,然后最终离开大气层进入太空。

本书介绍的是关于氦的最常见的同位素——氦–4(^{4}He)。当你听到关于氦的任何事情时,他们更可能谈论的是这种常见的同位素,它的原子核中有两个质子和两个中子,并由两个电子环绕。例如,你看到的每个气球都含有氦–4。同样的道理也适用于其他氦在商业和科学上的广泛应用。然而,氦确实有一种更轻、更稳定的同位素——氦–3（^{3}He）。虽然关于氦–3的所有详细解释都超出了本书的范围，但需要注意的是，它也是一种非常有价值和极其罕见的商品，对于中子探测器的使用非常重要，例如，它能够探测到跨越国界的放射性物质。此外，如果在谷歌上搜索"氦–3"，就会发现大量关于在月球上开采氦–3作为清洁核燃料的信息。氦–3的月球开采是否成为现实也超出了本书的范围，因此不做讨论。

如果买了本书，你很有可能意识到氦（氦–4，从现在起我将其简称为氦）的短缺。等等，如果氦是宇宙中第二丰富的元素，它怎么会缺少呢？这是一个很好的问题，也是我经常被问到的问题。尽管相关解释将在书中进行更详细的讨论，但简短的回答是，地球上的氦储量与宇宙中的氦储量有着不同的起源。宇宙中发现的氦都是在宇宙大爆炸或宇宙诞生时产生的，而地球上使用的氦是铀和钍这两种最重的天然元素放射性衰变的产物。事实上，如果地球上没有这些重放射性元素的供应，就没有氦可以收集。

回到气球的例子，气球里的每个氦原子都是上面提到的元素放射性衰变的产物。这种放射性衰变发生在地壳和地幔中，在极少数情况下，氦可以通过地壳向上迁移并聚集形成商业矿床。这一过程将在第4章中详细讨论。有趣的是，我在美国任何州的任何派对上看到任何的气球，其氦气都是在美国生产的。自从第一次世界大战后氦气工业开始发展以来，美国一直是全球氦气的主要来源国。然而，在我写本书的时候，这种模式正在发生变化，除非发现新的储量，否则美国很快就会成为氦气的净进口国。事实上，卡塔尔刚刚取代美国成为世界上最大的氦气出口国。

虽然提到了氦的许多特征和性质，但氦是一种非常复杂的元素，具有一些非常惊人的性质。由于本书主要介绍宏观范围，更多的微观信息（例如氦Ⅰ和氦Ⅱ之间的过渡相）将不讨论。此外，还有其他术语，如极化率和抗磁化率，虽然在研究氦原子的性质时很重要，但这里不再讨论。本书的主要目的是为读者提供一本相对完整的科普书，氦工业方面较专业的细节不做讨论。

希望本书能满足你对这个迷人元素的好奇心。虽然我倾向于使用气球作为例子，但这仅仅是因为它们是最明显的氦气用途，也是大多数人能联想到的东西。接下来将讨论什么是氦，以及为什么它在各种工业和科学应用中如此重要。然后，将介绍宇宙中氦的丰度，并从那里进入氦的发现历史。最后，将深入研究它是如何在地球上形成和生产的，讨论它的工业化，并简要地描述氦气工业的未来。

本书是为了让读者了解氦的宇宙和陆地丰度到其最终用途的相关知识，读者可以选择自己感兴趣的内容，一些内容是具有一定科学难度的，因此如果读者只是想更好地理解本书的特定内容，可以选择跳过。

目　录

第1章　什么是氦？
扩展阅读……………………………………012

第2章　氦从哪里来？
宇宙丰度……………………………………015
宇宙大爆炸…………………………………015
太　阳………………………………………019
扩展阅读……………………………………025

第3章　发现的基础
棱　镜………………………………………027
线的解读……………………………………029
了解太阳……………………………………033
约瑟夫·诺曼·洛克耶……………………034
1868年8月18日的日食……………………035
日食之后……………………………………037
D线的意义…………………………………038
氦在地球上的发现…………………………041
氦的揭示……………………………………043
X射线及放射性……………………………045

欧内斯特·卢瑟福 ················· 047
　　参考文献 ······················· 050
　　扩展阅读 ······················· 051

第 4 章　地球上的氦

　　追溯恒星 ······················· 056
　　回到地球 ······················· 058
　　氦的生成 ······················· 059
　　氦的迁移与聚集 ··················· 062
　　氦与氮的关系 ···················· 065
　　产氦率 ························ 067
　　扩展阅读 ······················· 069

第 5 章　氦 工 业

　　堪萨斯州德克斯特井 ················ 074
　　氦的用途 ······················· 076
　　一个行业的诞生 ··················· 080
　　第一次世界大战后 ················· 085
　　美国飞艇时代 ···················· 087
　　1925 年的氦法案 ·················· 090
　　阿马里洛的新时代 ················· 091
　　第二次世界大战 ··················· 095
　　产业大爆发 ····················· 097
　　1960 年的氦法案 ·················· 100
　　保护合同终止 ···················· 103
　　扩展阅读 ······················· 105

第 6 章　1996 年《氦私有化法案》

　　扩展阅读 ······················· 119

第 1 章

什么是氦？

当你在看一张元素周期表的时候，你会发现：氢和氦分别占据着元素周期表的顶行两端。为什么会出现这样的现象呢？这将在第 2 章中详细讨论，但简单来说，它们是宇宙诞生时形成的第一批元素，也是元素周期表中最简单的两种元素。氢的原子核中只有一个质子，而氦的原子核中有两个质子。每两个连续的元素，后者的原子核中都有一个额外的质子，一直到最重的天然元素铀。有趣的是，铀和钍在氦的生成中非常重要，这将在第 4 章中详细讨论。元素周期表中的所有元素都有同位素，其取决于原子核中的中子数量。中子的数量决定了元素的同位素种类，而质子的数量确定了元素的种类。氦–4 是最常见的氦同位素，其原子核中有两个质子和两个中子。常见的氢原子不含中子，但氢也存在含中子的同位素。

当我和人们谈论我所从事的工作（氦勘探业务）时，估计大约有 90% 的人认为氦是一种人造产品，一种合成制造的东西。剩下的大部分人知道氦是一种天然元素，但对它的来源和收集方式一无所知。他们看到气球，甚至不会想一想氦气是从哪里来的。谁又能怪他们呢？派对上气球无处不在，所以人们理所当然地认为气球里面就应该有氦气。现在（甚至以前）去超市可以很轻易地买到氦气气球，以至于人们很容易无视或者根本不考虑其背后所涉及的一切。

那么，什么是氦呢？氦是一种无色无味的气体，具有一些独特的性质。它是一种惰性气体，因此十分不活泼。惰性气体具有非常稳定的原子，其电子壳层被完全填满且不容易形成化合物。其他的惰性气体包括（按顺序）氖、氩、氪、氙及氡。具体来说，氦的原子核周围有两个电子，称为 1s 轨道，这些电子具有相反的自旋，因此在化学上标记为 $(1s)^2$。可以以氢为例，理解为什么氦这么不活泼。氢只有一个电子，因此非常容易与其他物质相结合，以填补它所需的额外电子的空位。氢可以与许多物质结合，在地球上最常见的就是水。氢（H_2）与氧的结合对地球上的生命至关重要，一旦二者结合，它在新的原子结构中是稳定的。实质上，一旦氢与氧相结合，它在自然状态下显著地变得"惰性"，因为它们的电子层被填满了。正是因为这个原因，使得氢在地球上如此丰富，而氦却如此稀有。氦的最外层电子层已经被完全填满，它不用寻找或需要其他电子，从而使其显示惰性。因此，氦无法形成化合物，它无法附着在任何物质上，最终将逃离地球的引力并永远消散在太空中。

氦是第二轻的元素，仅次于氢。正是这一特性使氦在第一次世界大战后首次得到应用，最终开创了一个新的工业领域（这将在第 5 章中详细讨论）。第一次世界大战后，氦气被用于轻于空气的飞行器的主要原因也正是它的惰性。氢非常活泼，容易迅速燃烧。最著名的例子是德国的"兴登堡号"飞行器，1937 年 5 月 6 日停泊在新泽西州莱克赫斯特时氢气起火（图 1.1）。这一事件彻底结束了氢气被用于飞艇（或飞船）的历史。如果"兴登堡号"飞行器充满了氦，飞行器肯定会安全降落，且没有人员伤亡。有趣的是，"兴登堡号"飞行器最初的设计是用氦气填充的，但由于这个时期正值第二次世界大战前，美国不愿向德国出售氦。在当时和大部分氦工业的历史中，美国都是世界上唯一的氦生产国。关于这个问题，将在第 5 章进行更详细的讨论。

图 1.1　1937 年 5 月 6 日德国"兴登堡号"飞行器停泊在新泽西州莱克赫斯特时氢气起火

氦的密度比空气小，因为它的摩尔质量为 4.003 克/摩尔，而干燥空气的摩尔质量为 28.966 克/摩尔，氦的密度比空气小 86.2%。空气的组成大致为 78% 的氮（N_2）、20.9% 的氧（O_2）、0.9% 的氩，以及 0.04% 的微量成分，如二氧化碳、氖、氦、甲烷、氪和氢（表 1.1）。当按照它们的组成百分比加权计算这些原子和分子的摩尔质量时，得到干燥空气的摩尔质量为 28.966 克/摩尔。因此，任何摩尔质量小于 28.966 克/摩尔的元素或化合物的密度都比空气小。如果查看元素周期表，理论上所有的元素直到硅（摩尔质量为 28.085 克/摩尔）都比空气轻。为什么这些元素不能用于飞艇或气球呢？答案是大多数这些元素的密度还不够小，而且它们除分子化合物外并不常见。此外，镁、钠和铝等元素是固体金属，因此必须转化为气体才能填充到任何升降装置中，这需要能量且会使容器过热。例如，铝蒸气（气态铝）实际上比空气稍轻，但在自然状态下其以固体形式存在。

一些密度比空气小的元素或化合物有（从轻到重）氢、水蒸气、氦、甲烷和氮气。其中，氖的密度比空气小 30%，虽然可以使气球升起，但它非常稀有，无法生产足够的氖供商业使用❶。即使可以生产足量的氖，而氦的密度相比氖更小（小 80%），更适合用于升空。蒸发是水蒸气密度比空气小的一个很好的例子，当其达到较低温度时，最终会凝结成云。氨和甲烷也可以使气球升起，并且以前也被使用

---

❶ 氖气是由空气蒸馏产生的。它是环境空气中非常小的组成部分，仅占大气的 0.001799%（百万分之 18）。

过，但它们都是危险的化合物。氮的密度只比空气小 3%，无法承载任何重量。当然，热空气比干燥空气轻，因为升高温度会降低分子的密度，使其上升。

氢与氦相比，氢只比氦浮力高出 7%，在考虑其他密度比空气小的气体时，这个差距可以忽略不计。当考虑到使用氢的危险性时，正如之前通过"兴登堡号"飞行器的例子所展示的，氦实际上是唯一真正安全地用作浮力介质的选择。因此，当看到飞艇在棒球比赛场地上方飞行，或者看到生日派对上的气球时，看到的就是氦。它们都是氦最常见的用途，一般人们一听到"氦"这个词就会想到这些。

表 1.1 大气的组成（Mason，1966）

组分	含量	
	毫升/米^3	%（体积分数）
N_2	780900	78.08776
O_2	209500	20.94939
Ar	9300	0.929973
CO_2	300	0.029999
Ne	18	0.001799
He	5.2	0.000520
CH_4	1.5	0.000150
Kr	1.0	0.000100
N_2O	0.5	0.000050
H_2	0.5	0.000050
O_3	0.4	0.000040
Xe	0.08	0.000008

自从第二次世界大战开始以来，氦一直是飞艇、飞船和气球的主要浮力气体。事实上，1918—1950 年生产的氦几乎都被用作浮力气体。在此期间，氦也还有其他一些应用，如作为深海潜水气体，但这些应用的总消耗量非常小。此外，高纯度氦（纯度 >99.0%）的生产直到 1949 年才得以实现。随着 20 世纪 50 年代出现更高纯度的氦，氦的其他用途（如电弧焊接）也才得到了快速的发展。

如今，氦仍然是气象气球、战略和广告飞艇以及派对气球等的主要浮升介质。尽管氢可以替代气象气球中的氦，但后者由于其惰性，仍然最受青睐。根据美国国家学术出版社出版的《出售国家氦储备》（2010 年）一书，氦作为浮升介质使用，气象气球是最大消耗源，每年大约消耗 1.4 亿立方英尺❶的氦，全球每天释放数百个气象气球。尽管氦作为浮升介质是其最直观的应用，但用于浮升介质的消

❶ 1 立方英尺 = 0.028 立方米。

耗量只占其总消耗的一小部分。

氦作为浮升介质显然是以气体形式存在，并且它是首选的气体，因为与氢相比，它具有惰性（不活泼）且其密度比空气密度要小得多。仅凭这些特性就可以解释氦为什么可以作为浮升气体。氦的其他特性，如低沸点、原子半径小和高热导率，使得它在气体形式下也有诸多应用，例如火箭发动机的增压和净化、焊接、半导体和光纤制造、色谱分析、泄漏检测、用于呼吸混合物以及新一代核能设施。这些用途大致按照总体氦消耗量的顺序列出，其中增压和净化是气体氦的最大消耗途径，而呼吸混合物仅占气体消耗总量的 2%。

在美国，国家航空航天局（NASA）和国防部（DOD）是气体氦的消费大户，主要用于火箭推进系统。尽管占据了国内大部分氦消耗的航天飞机计划已在 2011 年停止，但氦仍然被用于其他火箭，例如 Delta Ⅳ 的火箭推进系统。氦由于其惰性和低沸点，在增压和净化使用液态氢和液态氧作为燃料的火箭发动机方面至关重要。氦在氢和氧保持液态的温度下不会发生液化，是唯一能够有效推动这些燃料进入火箭推进系统并在燃料燃烧时保持燃料箱压力的元素。如果没有氦，当火箭发动机使用燃料时，燃料箱会因为内部真空而像汽水罐一样变形。即使在太空中，例如 1997 年发射的"卡西尼"号宇宙飞船也使用氦对燃料箱增压以进行轨道调整❶。增压和净化约占美国氦消耗总量的 26%。值得注意的是，这里提到的所有氦气都是高纯度的氦，任何污染物都可能对其用途产生严重影响。

氦气的下一个最大消耗源是焊接，这得益于氦的化学惰性、高热导率和电离势。然而，当谈论焊接时，并不是指简单地将两种金属连接在一起的钎焊。确切地说，谈论的是电弧焊接，例如，通过电弧产生的高温将两种材料融合在一起，以冶金结合的方式熔化和融合两种相邻材料。这种焊接的结果是，连接的材料与两个独立部分一样强大。在这种类型的焊接中，任何污染都可能对冶金结合的完整性产生严重后果，这就是氦的用武之地。当氦被注入焊接过程时会形成一个保护层，以防止空气中的任何元素污染焊接而导致效果降低。尽管氩通常也被用作电弧焊接中氦的替代品，但在某些过程中，加热强度如此之高，只有氦具有足够高的热导率来处理这些过程。仅以美国数据为例，氦在焊接中的使用量约占总消耗量的 20%。

高纯度氦气的其他重要用途还包括光纤制造和半导体加工。在这两个过程中，氦被用于控制环境，以防止其暴露于可能影响两种产品效果的空气环境中。在光纤制造中，氦的高热导率和惰性对于从炉中拉出玻璃纤维时的冷却至关重要，同时在给玻璃纤维添加涂层时也是至关重要的组成部分。没有氦，纤维中可能会形

---

❶ 在将"卡西尼"号宇宙飞船送入太空的泰坦ⅣB/半人马座火箭发射过程中，氦也被用来给燃料系统加压。

成气泡而成为废品。同样，这些原子特性在半导体制造中也非常有用，氦被用来创建惰性环境，以防止晶圆和电路污染。

  从半导体行业来看，以下摘录的美国国会听证会题为《氦：供应短缺对我们的经济、国防和制造业的影响》（2012年）的半导体工业协会的证词是一个很好的例子，说明了氦气在该行业的许多用途："氦的独特物理和化学性质使其对半导体的制造至关重要。该行业使用氦是因为它具有惰性，沸点非常低（在4开尔文附近），并且具有很高的热导率。在半导体行业中，氦的一些主要用途包括作为沉淀工艺的载气、作为等离子体刻蚀过程中的稀释气体，以及用于一些专门的晶圆冷却。它在泄漏检测中也非常关键。氦被用于实现超净的制造和组装环境，这对于先进的半导体制造至关重要。根据美国国家科学院的一份报告，半导体和光纤制造占氦总用量的13%；半导体用途约占氦使用量的6%。在某些应用中，可能会使用氩气或氮气等替代品，但通常会导致产能降低。"

  氦气还有其他用途，例如色谱法，它在制药、食品和环境分析等各个行业中用来检测被测物中的各个成分。例如，通过气相色谱法检测天然气井的气体组成，可以识别出气体中的所有成分，从而可以确定气流中有价值的商品。氦在这些应用中被用作载气，同时它是完全惰性的，可以用来清除分析之前和分析过程中设备里的杂质。

  氦气用于泄漏检测是涉及多个制造业领域的另一个重要应用。由于氦具有最小的原子半径且完全惰性，因此它是测试小漏洞或微裂纹的理想元素。氦泄漏检测可用于多种商业领域，例如定位汽车和飞机燃油箱、燃料系统、发动机、冰箱压缩机、灯泡等的小漏洞，以及其他可能对公共安全产生不利影响的用途。在这些产品中，使用氦检测泄漏的方法是利用真空系统，将产品放置在真空室中或者将设备本身注入氦。然后使用氦质谱仪来检测系统表面（或内部）是否存在氦。如果氦出现在不应该出现的地方，就说明存在泄漏，从而可以快速识别出来。在这些应用中，氢也常常被用作氦的替代品。

  氦也可以注入水、天然气或油管道中，以寻找可能的泄漏。在这些情况下，如果管道有泄漏，氦通过泄漏点渗透到地表，地表设备能够捕捉到异常的氦值。如果管道上出现氦值异常，泄漏点就很容易确定，然后进行修复。在供水管道中，氦是检测泄漏的理想气体，因为它的惰性消除了人们对于许多公共卫生问题的担忧。此外，氦可以被消化且不会产生不良影响。在水管道（和其他管道）中使用氦可以提高产品的可供性，而不会产生任何浪费，其成本通常由消费者承担。

  氦气最不常见的用途之一是用于水肺潜水中的呼吸混合物。大多数人都知道氮麻醉或减压病（俗称"潜水病"）会导致氮气泡在血液中积聚，对潜水员来说可能是致命的。因此，长时间深潜使用压缩空气是被禁止的。为了帮助潜水员预防这个问题，氦经常被用作氮的替代品，因为它不会迅速扩散进入血液，从而降低了患减压病的可能性。

许多车主没有意识到，他们的汽车很可能装有小型氦气罐，用于在事故发生时填充安全气囊。由于氦的原子半径较小，它是撞击后立即填充安全气囊的理想气体。例如，由于空气气流中分子大小的不同，在充气系统中易发生堵塞，导致充气速度较慢，所以安全气囊装置中不会使用空气。

在过去的 60 年中，由于超导应用的普及，氦的主要用途逐渐从气态转变为液态。在标准大气条件下，氦是元素周期表中唯一一个在接近零开尔文时不会凝固的元素。更重要的是，相比其他元素，氦在更低的温度下变成液体，这使得它成为实现超导的唯一元素。毫无疑问，超导是世界上对氦需求最大的领域。那么，什么是超导性？为什么氦在其中的应用如此重要呢？

1908 年，荷兰物理学家昂内斯（图 1.2）是第一个将氦液化的人，并在 1911 年进一步研究浸泡在液态氦中的材料时发现了超导性。昂内斯的发现成为 20 世纪最重要的发现之一，并为后代提供了强大的医学诊断工具，拯救了数百万人的生命，同时也帮助揭开了宇宙诞生的奥秘。为了理解什么是超导性，可以先了解一般的导电性和电阻性。

在深入探讨超导性之前，先来讨论为什么氦比其他元素具有更低的液化温度（沸点）。元素周期表中没有其他元素有如此低的沸点，这正是氦具有超导性特征的关键。为什么会这样呢？原因是一种称为范德华力的现象，以荷兰科学家范德华（图 1.3）命名。

图 1.2　昂内斯（Heike Kamerlingh Onnes，1853—1926 年）

图 1.3　范德华（Johannes Diderik van der Waals，1837—1923 年）

尽管范德华力由三种类型的力组成，但揭示范德华力存在的一个有效办法是考虑水分子从气态凝结成液态的过程。气态时，水分子（由两个氢原子和一个氧原子组成）具有较高的动能，快速移动并且相互之间距离较远，因此分子之间无法发生凝聚。尽管水分子带电呈中性，但分子结构并不对称，产生了偶极矩，即分子内部负电荷和正电荷的轻微分离。水分子之间相互吸引的范德华力被称为氢键。由于水分子的不对称性，每个分子中都有一个正极和负极，这意味着相邻水分子的正极和负极之间存在着强烈的吸引力。由于异性电荷相互吸引，水分子之间的这些氢键比其他范德华力更强。简单来说，范德华力是同类分子之间的吸引力。通常情况下，分子（或原子）越大，范德华力越大。

氦原子是完全对称的，比元素周期表中的任何其他元素的原子都要小。它的电子层被完全填满且对称，使得电子在其位置上非常稳定。因此，与水分子不同，氦原子没有明显的正负两极。所有的惰性气体都具有这个共同特征，这也是称它们为惰性气体的原因；它们不愿意与彼此或其他元素结合。因此，惰性气体之间的分子间吸引力非常弱。氦原子是所有惰性气体（以及其他元素）中最小的，这意味着吸引力甚至更弱。

氦原子的直径竟然比最简单的氢原子要小，这看起来似乎有违常理。虽然氦原子由两个质子、两个中子和两个电子组成，而氢原子只有一个质子和一个电子❶。因此，这种紧密结合的氦原子比其他任何原子都要稳定。氦的这些特性使得分子之间的范德华力非常弱，比任何已知物质都要弱。氦液化的范德华力被称为伦敦分散力❷，它是范德华力中最弱的一种。然而，在极低温下，氦原子中会出现一个波动的偶极矩，导致原子之间最终发生吸引，从而实现液化。也就是说，由于电子在任何时刻都可以处于任何位置，因此在极低温下才会出现原子之间的小正负吸引力。伦敦分散力抓住这些罕见的瞬间并将原子聚集在一起形成液体。氦原子之间的范德华力（伦敦分散力）发生在 –269℃（4 开尔文），低于元素周期表上任何其他元素。正是氦的这种特性使其成为唯一可用于低温研究和超导性的元素。其他所有元素在这些低温下都会凝固，因为它们的范德华力更大。事实上，在接近零开尔文（一个无法达到的温度）时，氦将保持液态，并不会在正常大气压下凝固。氦只有在施加显著的压力时才会凝固。1926 年 6 月 25 日，荷兰科学家 Keesom 在昂内斯实验室首次将氦冷却至凝固状态。

回到液态氦的问题上，现在知道为什么氦在如此低的温度下才会液化，为什么液态氦在各种应用中如此重要，是因为氦的原子性质无可替代。迄今为止，液

---

❶ 氢、氦及其他元素都有不同的同位素，但在本章只使用主要的同位素。
❷ 以德裔美国物理学家 Fritz London 命名。

态氦最常见的工业用途是超导性，最典型的代表是遍布全球的无数核磁共振成像机器和大型粒子加速器，如欧洲核子研究中心（CERN）的大型强子对撞机。什么是超导性？为什么它对现代社会如此重要？在回答这个问题之前，需要先了解电导率和电阻率的概念。

一般来说，电导率和电阻率彼此相反。也就是说，如果一个材料的电阻率低，它就是一个好的电导体。低电阻率 = 高电导率；低电导率 = 高电阻率。电阻率意味着材料对电流有阻碍，这种阻力通常会表现为热量。一个常见的良好导体（电阻率较低）是铜，铜由于其低电阻率而被广泛应用。电子可以相对容易地通过铜晶格流动，而不会撞击到铜离子，因此很少有热量损失（热量是由电子与铜离子碰撞产生的动能产生的）。如果在铜导线传输电流时触摸它，它不会很热。正是这种特性使得铜成为优良的导体。银也是一种良好且广泛使用的导体。

还有一些材料也是良好的导体，但核心还是要注意这些导体传递电流的效率。世界各地的电力线路依赖于包覆在绝缘材料中的导电材料。然而，这些电力线路依赖于稳定的电源来维持电流的流动，尽管使用了这些低电阻率的材料，但仍会存在一定的电阻，导致能量在输电线路上有损失。而超导性正好能消除这种能量损失。

在氦液化之前，英国人法拉第（1791—1867 年）在 19 世纪中叶提出了一个挑战，要将所有已知气体液化。法拉第能够将许多不同的气体液化，例如二氧化碳、氨和氯（仅举几例），但他很快意识到，由于当时技术手段的有限性，氢、氮和氧等气体无法被液化。然而，到了 19 世纪末，随着新一代科学家获得更好的设备，除了氦之外，所有已知的常温气体都被液化了。氢是倒数第二个被液化的元素，由詹姆斯·杜瓦在 1898 年实现。值得注意的是，氦是最后一个被液化的元素，在氦被液化之前三年，地球上氦的存在才被证实。一旦氦能够被提取足够数量以进行实验，人们就开始争先恐后地试图将最后一个已知的永久气体液化，最终由昂内斯在 1908 年实现。

在昂内斯成功将氦液化后，他希望更好地了解物质在这些极低温度下的特性。准确地说，他想了解当物质降至液态氦温度时，电阻率会发生什么变化。在他进行实验之前，人们已经知道电阻率会随着温度的降低而下降，因此他对已知最冷状态下物质的电阻率产生了浓厚的兴趣。1911 年，昂内斯发现，当纯汞（固态）在液态氦中，在精确到 4.19 开尔文条件下通过电流时，其电阻率突然降为零。这一特性很让人意外，为此他多次重复实验，但都得到了相同的结果。直到温度升高到 4.19 开尔文以上，才出现了一定的电阻率。昂内斯将这种现象称为超导，因为它是一种超级导体。他的这一发现具有重大意义，并最终在两年后的 1913 年获得了诺贝尔物理学奖。

简单来说，超导现象就是当材料在电流流过时失去了所有的电阻率。举一个非常常见的例子，就像给孩子推秋千一样，为了让孩子继续玩耍，我们必须不断地推动。如果停止推动，那么一些因素会使秋千减速，最终停下来，比如铰链的摩擦和重力的作用。因此，为了让孩子继续荡秋千，需要持续的能量。在目前的电力传输线路中也是如此。为了让家中持续供电，需要持续的能源，而在美国，主要来源是燃煤发电厂。继续使用秋千类比，超导体是指一旦启动，孩子就能够永久地荡秋千。

在当今的应用中，一些材料在低于4.2开尔文的温度下成为超导体。这种现象的原因主要是量子效应，因为在这些温度下，通过材料流动的自由电子会形成电子对，并与其他电子对相互作用，从而产生无电阻的自由流动的电流。因此，一旦达到所需的输入功率，只要保持低温液态氦的温度，电源可以关闭，而电流仍然会继续流动。由于没有通过电阻产生热量，超导线可以被紧密地堆放在一起，从而实现非常紧凑高效的电力传输方法。

正如常见的利用超导技术的核磁共振成像设备，可以看到超导技术在当今经济中的实用性。对于那些不了解的人来说，核磁共振成像仪是一种医学诊断设备，可以提供比X射线更为清晰的内部身体图像（尤其是软组织），而具有危险性的X射线则主要用于骨骼图像。核磁共振成像通过使用非常强力的磁铁吸引身体内以随机方向旋转的氢原子，使它们像指南针指向北方一样排列。当特定频率的无线电波（共振频率）将身体内的一些氢原子指向相反的方向时，它们会获得能量。当无线电波停止时，这些原子会恢复到它们的原始方向，并在此过程中释放能量。这些能量会被感应器接收并在强大的计算机中进行处理，从而创建出一幅图像。

这些设备能够正常工作的唯一方式是使用液态氦，没有替代品。每台核磁共振成像仪都由非常强力的磁铁组成，例如钛铌合金，这些磁铁实际上被浸没在液态氦的储罐中，将磁铁冷却到温度非常低的4.2开尔文。这些磁铁功率非常强，产生的磁场强度在0.5~3.0特斯拉❶之间，需要大量的电力。在这些温度下，这些强力磁铁变得"超导"，并且具有如上所述的零电阻性。更重要的是没有能量损失，只要保持在这些非常低的温度下，就不需要额外的外部电源。因为绝对没有电阻，理论上只要温度保持在4.2开尔文或更低的温度，电流就可永远流动（图1.4）。

---

❶ 特斯拉是测量磁场强度的单位。1特斯拉=10000高斯。地球磁场大约等于0.5高斯。因此，这些核磁共振磁体具有非常强大的磁场。

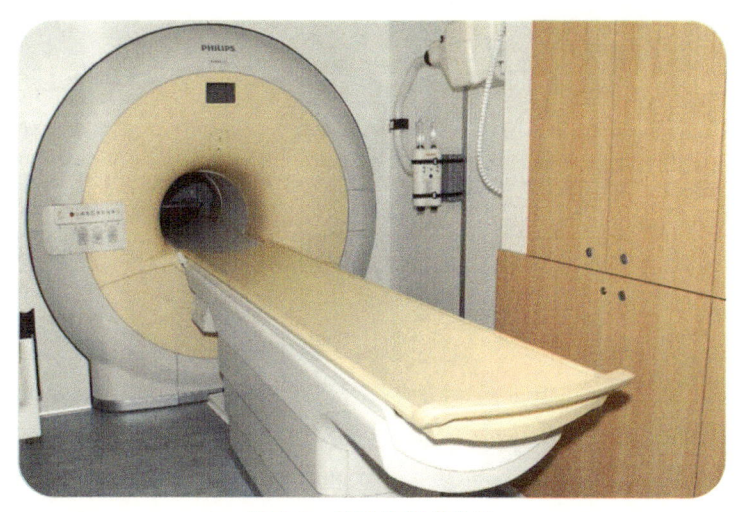

图 1.4 核磁共振成像仪
来源：美国海军

　　氦在超导方面的使用是当今最大的氦消耗途径，约占总消耗量的 40%。其他超导应用包括粒子加速器，如欧洲核子研究中心的大型强子对撞机（LHC）[1]（位于瑞士日内瓦），它使用更强力的磁铁和巨大的能量输入，使亚原子粒子相互碰撞，以帮助人们理解宇宙的本质（图 1.5）。虽然粒子加速器规模更大，但超导性的原理与上述的核磁共振成像设备相同。强力磁铁只有在没有电阻的情况下才能承受巨大的能量。

图 1.5　大型强子对撞机

---

[1] 欧洲核子研究中心的大型强子对撞机使用大约 120 吨氦气将强大的磁体冷却到 2.7 开尔文（-271.3℃）。温度更低的氦被称为超流体，它具有更惊人的特性。想了解更多关于氦在大型强子对撞机中使用的信息，请访问：http://home.web.cern.ch/about/engineering/cryogenics-low-temperatures-high-performance。

读者们可能还记得 2008 年 9 月欧洲核子研究中心的大型强子对撞机发生的氦气泄漏事件，导致设施暂时关闭。这个事件很好地说明了当氦的温度升高到无法实现超导状态时会发生什么情况。由于两个磁铁之间存在"电连接故障"，导致了失超现象，使得一些通常由液氦冷却的磁铁熔化。由于巨大的功率和液氦的损失，表现出电阻性，并且由于产生的巨大热量而使磁铁熔化。确保液氦环境的封闭非常重要，以确保不会发生失超现象，从而使超导设备失去作用。大型强子对撞机终于在一年后的 2009 年 11 月恢复运行。

除了液氦用作超导介质外，它还被用于世界各地的低温物理实验室。虽然无法达到零开尔文，但科学家们已经能够在接近零开尔文的温度下发现各种量子现象。对于这个应用，没有任何替代品可以取代氦，因为它是唯一一个在接近零开尔文的温度下永远不会凝固的元素。尽管世界各地的实验室的应用和发现各不相同，但氦是唯一一个能够促进低温研究蓬勃发展的元素。

液氦的另一个非常重要的用途是对灵敏的太空望远镜进行冷却，以确保其正常运行。例如，2003 年发射的斯皮策（Spitzer）太空望远镜就需要携带液氦来保证望远镜的正常运行。该任务旨在探测宇宙热辐射的微小剂量，这些辐射由于航天器自身产生的热量而无法被探测到。在液态氦的供应最终耗尽后，望远镜的灵敏元件将失效。然而，其他不需要液氦降温的"暖条件"任务使得航天器能够继续向地球发送有价值的信息。

2014 年，氦也被用来冷却位于南极的 BICEP2（宇宙背景辐射偏振成像）望远镜，该望远镜探测到了宇宙大爆炸早期膨胀的证据（宇宙大爆炸将在下一章中讨论）。该设备的设计与斯皮策太空望远镜类似，用于测量宇宙辐射（CMB，宇宙微波背景辐射）的微小量，它代表了近 140 亿年前宇宙大爆炸产生的剩余能量。BICEP2 望远镜对于增进人们对宇宙大爆炸后"膨胀"时期的认识起到了重要作用，而这一切都得益于液态氦的冷却特性，且目前无可替代。

刚刚提到的液态氦的应用是全球氦产量的主要消耗源。除了这些应用外，气态氦也具有十分有用的作用，且几乎没有其他替代品。现在已经了解了氦的大部分应用领域，是时候讨论氦在宇宙和地球上的来源了。

扩展阅读

Ahrens, C.D. Meteorology Today—an Introduction to Weather, Climate, and the Environment, 8th edn. Thomson Brooks/Cole, Stamford（2007）

Beebe, R.R., et al. The Impact of Selling the Federal Helium Reserve. National Academies Press, Washington (2000)

BICEP2: http://www.cfa.harvard.edu/CMB/bicep2/science.html

CERN: The large hadron collider. http://home.web.cern.ch/topics/large-hadron-collider

Hamak, J.E. Helium, U.S. Geological survey, minerals yearbook 2012. http://minerals.usgs.gov/minerals/pubs/commodity/helium/myb1-2012-heliu.pdf

Hornak, J.P. The basics of MRI. J.P. Hornak (1996)

NASA Jet Propulsion Laboratory: California Institute of Technology. http://www.spitzer.caltech.edu/mission

Richardson, R.C., et al. Selling the Nation's Helium Reserve. National Academies Press, Washington, D.C. (2010)

Segré, G. A Matter of Degrees. Viking (Penguin Group), New York (2002)

Semiconductor Industry Association: Testimony for the record of the semiconductor industry association. Hearing on "Helium: supply shortages impacting our economy, national defense and manufacturing" (hearing held on July 10, 2012), 1 Aug 2012

Shachtman, T. Absolute Zero and the Conquest of Cold. Houghton Mifflin Co., Boston (1999)

Smith, D.M., et al. Challenges to the worldwide supply of helium in the next decade, advances in cryogenic engineering: transactions of the cryogenic engineering conference—CEC, vol. 49. In: Proceedings of the Conference held 22–26 September 2003 in Anchorage, Alaska. Waynert, J., et al. (eds.) AIP Conference Proceedings, vol. 710, pp. 119–138. American Institute of Physics, New York (2004)

Staff Writer. Helium: scarcity prompts search for alternatives, pp. 26–27. Gasworld (2013)

Toohey, B. Helium Shortage Looms Large for Semiconductor Industry, EE Times. http://www.eetimes.com/author.asp?section_id=36&doc_id=1319211. 13 Aug 2013

U.S. Department of Commerce. NOAA Diving Manual: Diving for Science and Technology. U.S. Department of Commerce, Washington (1991)

第 2 章

氢从哪里来？

宇宙丰度

氢和氦是宇宙中最丰富的两种元素。事实上，整个宇宙中已知物质的98%以上是氢和氦。剩下的2%为其他所有元素的总和。尽管地球是一个岩石行星，含有丰富的氧、硅和铁等元素，但它并不能代表整个宇宙。放在一个非常大的宏观视角中时，地球只不过是围绕着一颗中等大小的恒星旋转的宇宙尘埃中的一点微小存在。只有当将宇宙作为一个整体来看时，才能理解那里存在着多少氢和氦。

氢是元素周期表上最简单的元素，因为它的核心只是一个单独的质子，被一个单独的电子环绕着。它在元素周期表上排名第一，并且是宇宙中最丰富的元素。如果将氢原子分解，就只剩下一个孤独的质子。核心中的这个质子将元素定义为氢，因为质子的数量等于元素的原子序数。正是这个原子序数定义了每个特定的元素。例如，氦的原子序数为2，因为它有两个质子。当向一个原子核中添加另一个质子时，它就变成了一种不同的元素。自然界中存在着92种元素，从原子序数1（氢）到92（铀）。

不考虑中子，氦有两个质子，实际上就是两个氢核。在深入研究元素周期表时，每个独特的元素在其核心中都含有不同数量的氢核。人们周围的一切都是由氢原子（质子）的核心产生的。因此，一切都始于简单的质子，从这一角度解释宇宙中氦的丰度。为了了解氦是如何形成的，需要从宇宙大爆炸或宇宙的诞生事件开始。

宇宙大爆炸

宇宙大爆炸是关于宇宙诞生的主流理论，将时间回溯至140亿年前，所有能量和物质都可以归结为一个无限小的点，称为奇点。进一步澄清一下，在谈论这个爆炸时，指的不是时间上的爆炸，而是时间本身的爆炸。询问宇宙大爆炸之前发生了什么是没有意义的，因为在这个事件之前时间并不存在。此外，这个"点"并不在任何特定的位置，但它同时无处不在。宇宙并没有在某种介质中爆炸，而是介质本身的爆炸。虽然这一事件在我们看来是一个难以理解的概念，但它仍然是一个重要的概念。今天人们所看到的一切都起源于这个规模空前的单一事件。

所有曾经存在和将来会存在的物质都是从这个单一事件中创造出来的，随着宇宙的演化，来自宇宙大爆炸的物质会转化为今天所看到的元素。

为了理解奇点的本质，即空间和时间开始的单一点，请这样思考：如果将整个地球、太阳系中的所有其他行星、太阳、包含数千亿颗恒星的银河系，以及每个包含数百亿颗恒星的星系都倒退到 140 亿年前，所有的一切都会融合成一个比原子还小的点。当然，这不是普通的原子，而是拥有无限能量和温度的原始原子。这是一切今天所见事物的起源点。从这个微小的能量点开始，所有物质都被创造出来。

虽然不知道 140 亿年前的宇宙大爆炸是如何发生的，也不知道为什么会发生，但科学家们对宇宙大爆炸发生后的瞬间发生了什么已经定义了一个相当好的概念。在这里所说的"瞬间"，指的是对宇宙开始后的 10^{-43} 秒内可能发生的事件有所了解。为了让你形象地了解这个数值有多小，它相当于 0.0000000000000000000000000000000000000000001 秒。0~10^{-43} 秒的这段时间被称为普朗克时代，以量子理论之父马克斯·普朗克命名。关于这个极其短暂的时间段，对它了解不多，因为目前没有一个理论能够充分解释。但我们知道，在这段时间内，四种基本力（重力、电磁力、强力和弱力）是统一的，因此只存在一种自然力。然而，10^{-43} 秒之后的时期相对而言是比较清楚的，因为宇宙开始膨胀和冷却。

在普朗克时代之后，即在 10^{-43}~10^{-35} 秒之间，宇宙经历了巨大的膨胀和冷却（但仍然非常炽热，温度高达 10^{27}~10^{32} 开尔文）。在这个时期，宇宙主要充满了辐射（能量）。随着温度的下降，重力得以沉淀下来，亚原子粒子（以及它们的反粒子）能够通过一种称为成对产生的过程形成。成对产生，简单来说，是指物质直接从能量中产生的过程。为了理解成对产生的机理，可以通过一个众所周知的例子来解释可能更容易理解。

爱因斯坦的质能方程式为 $E=mc^2$，它展示了质量和能量之间的关系。这个公式说明了物质就是能量，能量就是质量。质量和能量在等号两边的事实本身就凸显了这种关系。其中 c^2 中的"c"显示了质量包含多少能量，c 为光速的符号，光速精确值为 299792458 米/秒（约合 671 百万英里/时）。因此，任何乘以这个数的平方的东西都会变成一个非常大的数。当将其代入方程时，一小部分质量所对应的能量是巨大的，比如原子弹爆炸所展示的。微小的物质包含着巨大的能量。

通过方程可以看到，破坏物质可以产生大量的能量，也可以确定产生质量所需的能量有多少。这就是宇宙大爆炸中最基本的物质组成部分是如何形成的，称之为"成对产生"。成对产生是指当两个光子（电磁辐射的离散光子）合并形成一个粒子—反粒子对的过程。在宇宙大爆炸之后的瞬间，所有以高能伽马辐射形式存在的能量都可以形成正物质和反物质（稍后会讨论反物质）。因此，从一开始所有的存在都源于能量。这能量最终创造了今天所看到的所有物质，从银河系一直到你手中拿着的书。

在继续讨论之前，重要的是要理解能量的定义以及其与宇宙大爆炸后诸多事件的相关性。我们都熟悉可见光谱，它由彩虹的所有颜色组成。正如本书后面将讨论的那样，如果将一束光线通过棱镜引导，会看到这个白光的组成颜色，从红色到紫色不等。每种颜色都具有不同的能量水平，红色具有最低的能量（低频波），而紫色（高频波）具有最高的能量。整个彩虹组成了可见光谱。可见光谱上方和下方的能量水平，如红外线和紫外线，超出了人们的可见范围，如果没有合适设备，将无法检测到它们。然而，在这些直接范围之外，存在着能量最高（频率最高）的γ射线和能量最低（频率最低）的无线电波。尽管人类只能看到狭窄的可见光谱范围，但整个电磁谱（包括可见光谱）从无线电波到γ射线都是纯能量（光），以光子的形式发射出来，光子是具有波动和粒子性质的离散光包。无论频率如何，它们都以光速移动，因此每个都可以简单地称为光线。γ射线是高能量光子，而无线电波是低能量光子。在宇宙大爆炸之后的瞬间，只有高能量的γ射线存在，当宇宙冷却时，它们开始失去能量并转化为电磁谱的其他部分（图2.1）。

宇宙大爆炸期间形成的所有物质都是由高能量的γ射线辐射（光子）形成的，这是在宇宙大爆炸之后立即产生的唯一形式的光（能量）。正是这些具有难以想象的能量的γ射线光子创造了我们周围所看到的物质。正如前面提到的，创造物质需要巨大的能量，而正是这些高能量的γ射线光子使这一切成为可能。任何能量较低的光子都无法创造物质，这就是为什么宇宙中的所有物质都是在大爆炸之后立即产生的。

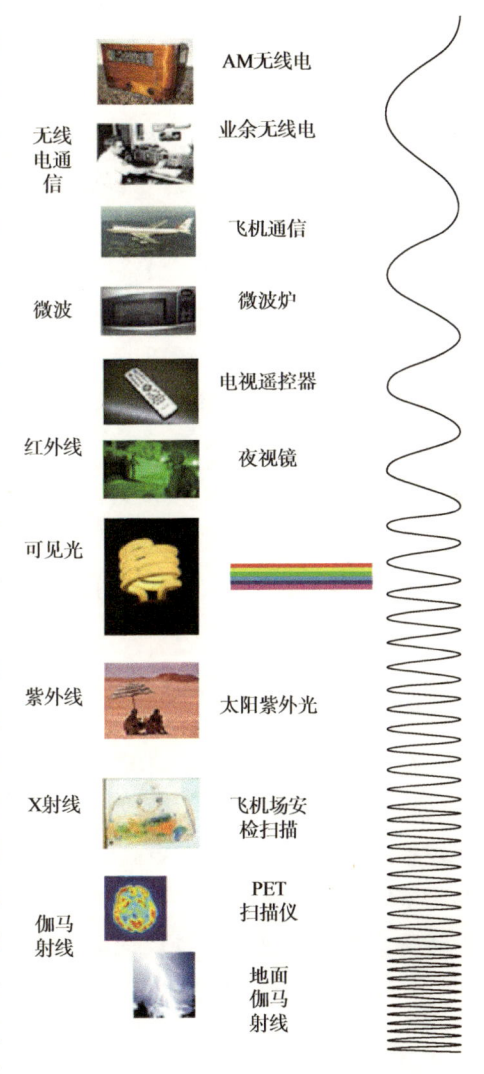

图 2.1　电磁波谱
来源：美国国家航空航天局

回到能量形成物质的问题上，现在能够看到在宇宙大爆炸时产生的不可思议的能量，并理解了成对产生的电子对的过程。接下来将讨论通过电子对产生而形成的粒子类型，但首先重要的是要理解反粒子（反物质），它们在宇宙大爆炸之后以相等的数量被创造出来。

对于那些不熟悉的人来说，反物质是正物质的相反形式。例如，电子是最小的基本粒子，它是一种带负电荷的物质。它的反物质对应物称为正电子。电子和正电子是彼此的绝对镜像，唯一的区别是正电子带有正电荷。它们具有相同的大小、相同的质量，其他方面完全相同。有趣的是，当物质与反物质相遇时，它们会在一闪而过的能量中相互湮灭，产生光子或电磁辐射（光）。换句话说，人类都由物质构成。如果我们能以某种方式走出门，遇见我们相对应的反物质，我们在每个方面看起来都会完全相同。然而，如果我们与相对应的反物质握手，我们两个都会完全消失，并以电磁辐射的形式转化为纯能量的爆发。

早期宇宙创造了相等数量的物质和反物质。可能会出现一个问题，如果物质和反物质相互湮灭，那么宇宙中怎么会有任何物质存在呢？这是一个非常好的问题，除了我们以某种方式最终得到了比反物质更多的微小不平衡之外，实际上没有其他办法来解释，而这种现象的理论超出了本书的范围。既然我们真实存在，就意味着物质战胜了反物质。关于宇宙大爆炸这一最令人惊奇的事情，在大爆炸之后的瞬间创造的大部分物质和反物质被湮灭了。我们都是那些以某种方式幸存下来的少量物质的产物。

在 10^{-35} 秒结束时，强核力（将原子核结合在一起的力量）开始分离成独立的形式，但也是在这个时间段，天文学家认为的暗物质开始显现出来。关于暗物质的话题太过广泛，无法在这里详细讨论，但在宇宙的起初阶段，它并不是那么重要。随着宇宙的演化，暗物质变得更加重要，因为它占据了宇宙中绝大部分的密度，维持着星系的结构。然而，科学家们在实证上发现的证据非常有限，目前还主要停留在理论层面。

在大爆炸之后的 10^{-35}~10^{-4} 秒之间，较重的基本粒子，如质子和中子以及它们的反物质，通过上面提到的成对产生过程形成。由于光子的温度和能量较高，这些较重的粒子首先形成。更高的能量形成了质量更加巨大的粒子，如质子，质子的质量比电子大 2000 倍。在这段时间内，大部分这些粒子会被湮灭，将它们的质量转化为光子，这个连锁反应会一直持续下去，只剩下比反物质略多的正物质。同时，在这个时期，弱核力和电磁力也分离出来，释放出自然力的剩余组分。

当快进到宇宙诞生后大约 1 秒的时间，通过成对产生的电子和反电子（电子的反粒子）就如同之前较重的质子和中子一样，这些粒子中的大多数被湮灭了。电子和反电子是基本粒子，它们需要更低的温度和能量较低的光子，因此电子

（和反电子）的质量较小。在这第一秒结束后，通过成对产生形成的所有物质成为宇宙中所有已知的物质。当宇宙冷却至 10^{12} 开尔文以下时，成对产生不再成为可能，由于膨胀后的温度进一步下降，没有足够的能量来产生物质，因此大爆炸之后的第一秒内，物质的主要架构就被制造出来了。

在大爆炸后约 100 秒后，质子和中子（那些没有被湮灭的）开始融合成更重的"核"，如氦（到这个时候只有质子和中子的核已经形成）。这个聚变过程发生得非常快，并且当时宇宙的温度仍为数亿开尔文。由于仍然有极高的温度，电子直到后来才能与核聚合，否则会将电子从核中撕离。然而，在 15 分钟内，条件冷却到聚变过程结束的程度，此后宇宙中几乎所有的氦核都已经形成。

从大爆炸后的一分钟到大约 30 万年之间，辐射仍然是早期宇宙的主要成分，这种辐射（光子）会继续以尽可能快的速度分解核。早期宇宙就像是由辐射、氢和氦核以及大量的电子组成的汤。光子会分解核并产生更多的光子，这些光子会继续分解更多的核。光（光子）由于温度和宇宙状态的影响无法直线传播，宇宙仍然是一个充满辐射的等离子体汤，光子会被其他光子吸收，然后再次分解。然而，在大约 30 万年后，宇宙的辐射时代结束并冷却到了电子可以附着在核上形成完整原子的程度。一旦在辐射时代之后形成了完整的原子，原子的聚集就可以形成更大的结构，如星系、恒星（最终是行星）。

从宇宙的尺度来看，几乎所有的氦都是在宇宙大爆炸中产生的。宇宙仍然以在时间和空间的最初时刻产生的氢和氦为主。在宇宙年龄约为 2 亿年时，氢和氦气团会形成大块气体，然后在引力的作用下形成第一代恒星和星系。当大量的氢和氦气团因自身重力而坠落并压缩到核心温度和压力足够高时，恒星就诞生了。这种条件下，恒星能够持续进行氢聚变反应。正如在太阳上所看到的那样，这种反应是一个被称为质子—质子交换的过程，其中氢被融合产生氦。因此，太阳以及在夜空中看到的几乎每颗星星都是一个巨大的核反应堆，也是产生氦并赋予生命的炉子。

太 阳

当谈到氦气的时候，太阳是一个非常重要的话题。原因有两个：首先，太阳的核心通过氢聚变每秒钟都能产生大量的氦；其次，氦在太阳上被首次发现，这要比在地球上发现早了很多年。本节的目的是讨论太阳产生氦的过程，并让读者深入了解为什么首先在太阳上检测到了氦。这两个问题可以通过太阳非常热和致密的核心中发生的过程来解释。

按质量分解太阳组成，大约75%是氢，25%是氦。正如在宇宙大爆炸那部分所学到的，这大致是宇宙的组成（当然，这只包括可见物质，不包括暗能量或暗物质）。太阳主要是由宇宙大爆炸期间产生的物质所组成。有趣的是，太阳系中大约99.86%的质量完全集中在太阳上，而巨大的行星——木星则占据了剩余质量的约66%。太阳系中的其他物体（包括地球在内）只占整个太阳系质量的0.05%。因此从宇宙的尺度来看，地球确实非常小！

太阳是一颗恒星，就如同在任何晴朗的夜晚用肉眼能看到的所有恒星一样。事实上，如果你在晚上看着星星，它们都通过与太阳相同的过程发光。这个过程称为核聚变，它是每颗恒星将物质转化为能量的核心，就像在宇宙大爆炸之后的瞬间能量创造物质一样。回想一下，能量和质量在$E=mc^2$方程中位于相反的两侧，这突显了质量和能量之间的关系。

太阳是第二代或第三代的恒星，形成于它之前的恒星爆炸的残骸之中。虽然稍后会更详细地讨论这些恒星爆炸（超新星）和随后的恒星形成，但重要的是要理解恒星的诞生和死亡。在不断演化的宇宙中，存在着起点和终点。太阳大约诞生于50亿年前，最终将在50亿年后逐渐消失。

第二代或第三代恒星是什么意思？大约在大爆炸后2亿年，氢和氦的大团簇开始形成，形成了像恒星和星系这样的大型结构。这些最初的气体团簇形成了恒星和星系，它们是早期宇宙中唯二的原始材料，即氢和氦。这些早期的恒星非常庞大，比太阳大数百倍。这些更大尺寸的恒星也意味着它们通过核聚变燃烧了大量的氢，并且将比较小的恒星更快地燃烧殆尽。当这些早期恒星耗尽了氢作为主要燃料来源后，恒星核心会变得更热，从而燃烧早期氢聚变过程中产生的氦（这个过程将在后面更详细地讨论）。一旦这些早期恒星的核心含有铁，它们将在一个被称为超新星的事件中爆炸，这是一个规模空前的事件，将所有元素散布到铁产生之前的宇宙中，同时在过程中创造新的元素。因此，大多数这些"第一代"恒星留下了物质，供第二代恒星形成。当第二代恒星爆炸时，会留下物质供第三代恒星使用。

太阳是由之前超新星（或其他超新星）留下的残骸形成的。这是事实，因为当通过光谱分析太阳的组成时，许多元素都存在，如氧、碳、氮、硅、镁、氖、铁、硫等。然而，太阳的主要组成仍然是氢和氦（宇宙中最丰富的元素），分别占据太阳中总原子数的91.2%和8.7%。剩下的0.1%代表其他所有元素的组合。这些其他元素的存在意味着太阳是由之前处于超新星状态的恒星残骸形成的。

尽管铁是通过恒星核聚变产生的最后一种元素，但一颗恒星爆炸（这是非常罕见的事件，只发生在第二代和后续的恒星中），爆炸本身会通过裂变产生所有其他元素，直到最后一个天然元素铀。因此，在恒星的主要生命阶段，元素会通过聚变（将元素融合在一起）形成，而裂变（或原子的分解）是形成较重元素的过程。这个话题将在稍后更详细地讨论。这些较重的元素也存在于太阳中，但由于罕见的超新星事件，它们的数量要少得多。太阳是一颗普通大小的恒星，不会发生超新星爆炸，而是在生命结束时逐渐消失，只有巨大的恒星才会发生超新星爆炸。

现在知道了太阳（以及其他恒星）是如何从残骸中形成的，下面开始讨论核聚变是如何在太阳（和其他恒星）的核心中发生的。当太阳从之前恒星爆炸的残骸中形成时，它通过吸引附近的其他物质（主要是氢和氦）获得了质量。一旦太阳形成的气体团簇足够大，重力就开始将物质向内聚集，形成一个非常密集且炽热的核心。当核心的压力和温度足够高时，聚变反应炉启动，产生了光（能量）。在大约50亿年前的这一时刻，太阳诞生了。

太阳是如何运作的，它是如何产生氦的？从宇宙层面来看，太阳与宇宙中的其他恒星相比是非常普通的，但正如之前提到的，驱动太阳的作用过程与在夜空中看到的几乎所有恒星以及整个宇宙中的恒星是完全相同的。在太阳的核心中，产生氦的核聚变反应正在进行。

太阳最炽热、最密集的部分是核部，核反应在那里发生并使其发光。在核心内部，温度（约1500万开尔文）和压力使得氢核（质子）的运动足够快，可以发生聚变。这个过程是如何进行的呢？太阳（以及所有恒星）中，在被称为主序阶段的主要生命周期中，存在一种称为质子—质子链（或P—P链）的作用过程。另外，在较大的恒星中以及在太阳中的一个小效应中，还存在另一个称为C—N—O循环（碳—氮—氧循环）的过程。

质子—质子链是太阳中主要的生氦方式。它始于两个氢核（或质子），它们运动得足够快以克服两个带正电的质子之间的排斥力，然后融合❶在一起形成一个氘原子（^{2}H）❷。这些质子的碰撞几乎是正面碰撞，事实上非常罕见。一亿个质子中大约只有一个质子能够运动得足够快到融合在一起。而且在这些运动足够快到进行融合的质子中，只有约百万亿亿分之一个（$1/10^{22}$）质子会发生真正的融合。这意味着太阳中一个质子的平均寿命约为140亿年，直到它与另一个质子融合。

P—P链的第一阶段是两个质子的融合。为了理解下面的公式，将每个质子称为"^{1}H"，这是科学上的标记（请记住，氢核只是一个单独的质子）。^{1}H前面的数字是元素的原子量。举个例子，最常见的氦原子写作"^{4}He"，因为氦的原子量是4（^{4}He也可以写作氦–4，它有两个质子和两个中子，因此原子量大约为4）。回到P—P链的起点，存在两个单个的质子，其中一个质子转变为中子，它们融合在

---

❶ 在非常高的速度下，当一个质子与另一个质子正面碰撞时，它们会变成一个单一的原子核，因为强大的核力（将原子核结合在一起的力）压倒了两个带正电的原子核之间的电磁斥力。
❷ 氘是氢的同位素，它有一个质子、一个中子和一个电子。

一起形成一个重氢核,称为氘(^{2}H,包含一个质子和一个中子),同时释放出伽马(γ)射线和一个中微子❶的能量。下一步是使用第一阶段的产物来创建一个较轻的氦同位素。在这一步中,一个氘原子(^{2}H)与一个质子融合,形成轻氦同位素(^{3}He)和能量。在第三和最后一步,两个 ^{3}He 原子融合形成 ^{4}He,同时释放出两个质子、两个中子和能量(γ 射线光子)。用方程式表示为以下这些步骤:

$$^1H + {}^1H \longrightarrow {}^2H + 正电子❷ + 中微子$$
$$^2H + {}^1H \longrightarrow {}^3He + 能量$$
$$^3He + {}^3He \longrightarrow {}^4He + {}^1H + {}^1H + 能量$$

方程可简化为:

$$4(^1H) \longrightarrow {}^4He + 能量 + 2 中微子$$

这个反应是在夜空中看到的所有恒星(以及宇宙其他地方)的主要反应,也是太阳中的主要反应。在更大的恒星中(在太阳中则较少),还有另一种常见的反应,称为 C—N—O(碳—氮—氧)循环,它利用碳作为催化剂,最终产生氦(^{4}He)和碳。这里不详细介绍这个反应,因为它并不是太阳中的主要聚变反应。

P—P 链释放的能量显然非常巨大,为了更好地理解具体有多少能量,可以通过观察上面列出的单个 P—P 链事件来进行分析。正如从爱因斯坦著名的 $E=mc^2$ 方程中学到的,质量和能量是等价的,可以利用这个方程来计算实际产生的能量。4 个单个质子(氢核)的质量等于 6.6943×10^{-27} 千克。然而,产物氦的质量等于 6.6466×10^{-27} 千克,这意味着将氢聚变成氦时会损失一小部分质量。能量和质量守恒定律非常简单地说明了方程式两边的能量和质量(物质)之和必须相等。正如上面提到的 P—P 链所示,只要这些质量被转化为能量,就可能失去物质,这正是太阳中发生的情况。从质子聚变成氦时失去的质量被转化为纯能量。当这个在单个反应中失去的质量乘以太阳中转化质量的巨大体积时,就会产生巨大的能量,使地球上的生命得以存在。太阳中每秒大约有 430 万吨物质(在聚变过程中失去的物质)被转化为能量。在 P—P 链中产生的能量以高能 γ 射线光子的形式存在。

P—P 链反应只发生在太阳的核心,因为那里的温度和压力足够高,并能持续上述的核反应。那么太阳的其他部分呢?这就是事情变得更加有趣的地方,最终解释了为什么人们能够看到可见光谱,这是人类能够在没有额外仪器的情况下检测到的唯一形式的光能。太阳核周围有几个圈层,每个圈层都具有独特的性质,

---

❶ 中微子(拉丁语为"小中性粒子")是一种没有质量或电荷的粒子,在物质中移动时几乎不被发现。我们不断受到中微子的轰击,但是它们穿过地球(和我们),就好像地球不存在一样。它们很难被探测到,只能被深埋的中子探测器发现。

❷ 回想一下,正电子是与电子相反的反物质。正电子被发射后,它会立即与一个电子(数量极其丰富)相互作用,并迅速湮灭在纯能量(γ 射线光子)的爆发中。因此,能量是在 P—P 链的第一阶段释放的,是通过第一阶段的产物间接释放的。

最终将太阳核产生的能量传输到太阳表面。尽管本书所述内容不包括太阳外部区域发生的详细机制，但紧邻核心的区域被称为辐射区。辐射区以外的其他区域（从核心到表面的顺序）包括对流区、光球区、色球区和过渡区。每个区域都在将太阳核心产生的能量传递到表面并最终传递到整个太阳系方面发挥着重要作用（图2.2）。

关于太阳的分层，需要注意的是，在从太阳核心到表面的过程中，高能量的γ射线光子会失去能量。γ射线光子失去能量

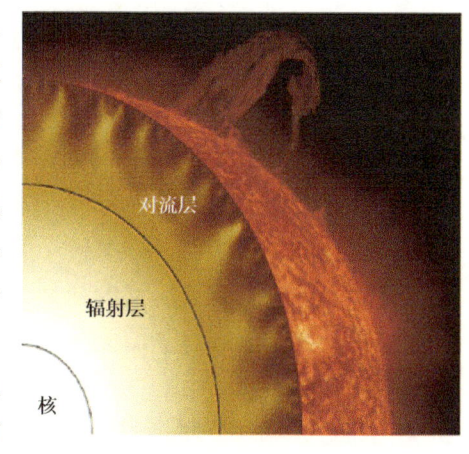

图2.2 太阳剖面图

是因为大部分光子被外层的原子吸收。一旦一个原子吸收了一些光子的能量，受影响的原子的电子就会转移到一个更激发的状态，从而从γ射线光子中带走一部分能量。随后产生的能量较低的光子被更多的原子吸收，在这些过程中失去更多的能量。由于这种现象，从太阳核心产生的光子要经过10万年才能到达太阳表面。当这些光子到达太阳表面并在整个太阳系中传播时，最初的γ射线光子已经失去了很多能量，所以发出的光子处于可见光谱范围内。换句话说，高波长（高频率）的γ射线在到达我们的行星时会被扩散成低波长（低频率）的可见光。

当太阳（和恒星）耗尽了主要燃料氢时，会发生什么？这个问题的答案至关重要，有助于理解为什么在地球上发现了氦，这将在本书中简要描述，并在后面详细讨论。正如之前讨论的那样，大约在50亿年后，太阳将离开其生命周期中的主序阶段。主序是从核聚变开始到氢耗尽之间的时期。大多数恒星处于它们生命周期的主序阶段，因为这是迄今为止恒星寿命最长的阶段。例如，太阳将在主序阶段中生存大约100亿年。在主序阶段之后，它将进入红巨星阶段，此时氢燃料完全耗尽，被主序阶段剩余的氦灰烬所取代❶。一旦氢耗尽，一颗恒星（包括太阳）将不再处于其生命周期的主序阶段，而是进入老年阶段。

在太阳主序阶段之后，重力将使核向内收缩，使其变得更加炽热。在内核的外部，剩余的氢将继续融合成氦，使得核以外的圈层膨胀到太阳系内部行星的轨道范围。氦燃烧产生的能量较低，因此红巨星表面呈现红色外观，但它的亮度将比主序阶段的太阳高出约100倍。红巨星核心的氦聚变产物是碳。在内核的外部，氢不再通过P—P链与氦聚变，而是转而使用C—N—O循环，该循环使用碳作为催化剂来产生氦。太阳的红巨星阶段只持续主序阶段的一小部分时间，大约1.5

---

❶ 氢燃烧仍然会发生在红巨星的外核。

亿年。在此之后，由于太阳的平均大小不足以维持核反应和制造额外元素所需的热量，太阳的生命将有效地结束。太阳只会产生碳、氧和氮这些元素。然后，太阳会冷却下来，将其大部分外层物质释放到太空中，并成为一个冷却的白矮星，最终渐渐消失。核聚变炉停止运作，太阳系将不再发出光亮。

尽管太阳会消失，没有为宇宙提供太多元素，但对于比太阳质量更大的恒星，情况并非如此。事实上，许多较小的恒星不会超过氢燃烧阶段，因为没有足够的质量让重力产生氦燃烧所需的热量。然而，更大的恒星有着完全不同的命运。更大的恒星会继续创造更多的元素，因为它们的质量使得重力能够吸引更多的物质来产生更多的热量。在氢之后，每一个连续的元素都需要更高的温度进行聚变。氦聚变需要比氢聚变更高的温度，依此类推，碳聚变则需要更高的温度。因此，更大的质量使得这些额外的反应成为可能。

对于比太阳更大的恒星，这个过程会根据恒星的质量继续进行，但值得注意的是，被消耗元素的原子质量越大，继续聚变所需的能量就越大。具体过程超出了本书的范围，产物和燃料的顺序如下：氢聚变成氦，氦聚变成碳，碳聚变成氧和镁❶，氧聚变成硫和氖❷。在硅之后，恒星中的主要聚变方法是氦俘获，其中氦与上一次聚变核的产物发生聚变。例如，硅通过氦俘获聚变成硫，硫通过氦俘获聚变成氩，氩聚变成钙，钙聚变成钛，钛聚变成铬，最后铬通过聚变产生最后的元素——铁和不稳定的镍，后者会迅速衰变。

但在铁之后，聚变就无法继续进行了，因为永远不可能有足够的能量来融合最稳定的元素铁。当核心充满铁时，内部核反应堆停止运行。能量无法通过聚变或裂变来提取，这意味着大型恒星的生命终结了。当一颗巨大的恒星到达这个阶段时，结果是一个巨大的引力向内收缩，最终以一种壮观的方式爆炸，这被称为超新星事件。超新星的过程将在稍后更详细地讨论，但这些事件负责创造出铁之后的所有其他元素，直到最后一个天然元素——铀。

这并不意味着其他元素不会在大质量恒星中产生，它们确实会产生。只是在大质量恒星中，最后的聚变产物是铁。其他元素直到铋（具体来说是同位素铋-209）可以通过中子俘获的过程在恒星中产生。更具体地说，这被称为s过程（s代表慢速）。因为这些较大的恒星中有大量的中子，中子能够进入许多元素的原子核而不引起太多轰动。也就是说，中子是电中性的，所以没有质子斥力阻止

---

❶ 在碳阶段会发生两件事：在极高的温度（约6亿开尔文）和压力下，碳（^{12}C）将与另一个碳核融合产生镁。这个过程被称为碳燃烧；碳也可以与氦（^{4}He）聚变产生氧（^{16}O），这个过程被称为氦捕获。氦捕获更为常见，因为它需要比碳燃烧更低的温度（约2亿开尔文）。

❷ 氧（^{16}O）可以在大约10亿开尔文的极高温度下融合成另一个氧核，形成硫（^{32}S）。然而，更常见的氧反应也是通过氦捕获，在较低的温度下，氧与氦融合形成氖（^{20}Ne）。

它们进入。值得注意的是，向一个元素中添加一个中子并不会改变该元素。相反，它只会改变同一元素的同位素。然而，向一个单一原子核中添加多个中子可能会使其不稳定，迫使其分裂成较轻的原子核。这个过程，具体来说是 s 过程，金和银等元素正是以这种方式形成的。

　　了解到人们身体中的所有碳、水中的氧、血液中的铁、大气中的氮，以及构成人们身体和周围世界的所有元素都是在恒星的核心中形成的，这非常让人着迷。早期的恒星利用宇宙大爆炸之后的氢和氦，将其转化为日常生活中看到的元素。宇宙是一个不断活动、演化的机器。

扩展阅读

Arnett, D. Supernovae and Nucleosynthesis—an Investigation of the History of Matter, From the Big Bang to the Present. Princeton University Press, New Jersey (1996)

Bodanis, D. E=mc^2, A Biography of the World's Most Famous Equation. Berkley Publishing Group, New York (2000)

Burbidge, E.M. Synthesis of the elements in stars. Rev. Mod. Phys. 29 (4), 547–650 (1957)

Chaisson, E., McMillan, S. Astronomy Today, 5th edn. Pearson Prentice Hall, New Jersey (2005)

Close, F. Antimatter. Oxford University Press, Oxford (2010)

Gribbin, J. Stardust, Supernovae and Life—the Cosmic Connection. Yale University Press (Yale Nota Bene), Connecticut (2000)

Lang, K. The Life and Death of Stars. Cambridge University Press, Cambridge (2013)

Singh, S. Big Bang: The Origin of the University. Harper Perennial, New York (2005)

第 3 章

发现的基础

棱　镜

氦的发现可能是元素发现中最独特的故事之一。它的最终确认是无数科学家数百年科学成就的巅峰。氦的发现最独特的一点在于，它是首个在被确认存在于地球之前，先在太阳上被探测到的元素。氦是通过光谱仪首次探测到的。简单来说，光谱仪只是由一个允许光通过的缝隙、一个用于折射光的棱镜和一个用于观察结果的目镜（或显示器）所组成的装置。尽管是一个非常简单的装置，但自1860年以来，光谱仪成为元素鉴定和发现最有用的工具之一，并持续多年。尽管自那时以来技术肯定有所进步，但光谱仪仍然被用于确定星体的组成。光谱分析的核心是玻璃棱镜。

光通过棱镜产生的效果几个世纪以来就已经被人们所知，但是艾萨克·牛顿（Isaac Newton）是第一个试图理解白光本质的人。人们认为白光或者说最纯净的光，没有固有的颜色。牛顿在获得学士学位后写道：

> 1666年初（当时我开始致力于磨制非球面光学玻璃），我买了一个三角形的玻璃棱镜，用来研究著名的色彩现象。为此，我把房间光线调暗，并在窗户上开了一个小孔，以便适量的阳光进入。我把棱镜放在入口处，让光线经过它被折射到对面的墙上。一开始，这是一种非常愉快的娱乐，可以观察到由此产生的鲜艳而强烈的颜色。但是，经过一段时间后，我开始仔细考虑这些颜色，我对它们呈现出长方形的形状感到惊讶。根据传统的折射定律，我本以为它们应该是圆形的……

当牛顿计算光的折射（光通过棱镜或其他介质时弯曲）时，很快他就分离出一个固定颜色的光束，并使这束光通过第二个棱镜。当阳光通过第一个棱镜时，光会根据它们的"折射能力"分离成不同的颜色，红色的折射能力最小，紫色的折射能力最大。牛顿随后发现，将一个固定颜色的光束分离出来并通过另一个棱镜时，光束不会进一步分散，而是保持原来的颜色。为了证实他的发现，他使用一个双凹透镜将整个光谱聚集到一个点上，则颜色消失，恢复成原始的白光。这些信息使牛顿最终揭示了白光的本质："光由折射率不同的光线组成。"因为棱镜只是将颜色分开，而不是"创造"它们，所以白光是所有光谱颜色的组合。用牛顿的话来说，"光本身是由折射率不同的光线组成的异质混合物"。

牛顿使用的阳光光束最初是以 γ 射线光子（光包）的形式产生的，在它们以可见光谱离开太阳表面之前，被太阳内部的原子吸收了大约 10 万年。尽管我们直观地认为光只是我们今天所看到的，但整个电磁波谱从 γ 射线到无线电波都被认为是"光"。尽管它们具有不同的波长，但它们都以光速移动。牛顿实验所使用的可见光是氢原子聚变成氦原子时，四个质子失去质量转化为氦原子的产物。

尽管牛顿的工作具有重大意义，但在接近 140 年的时间里，没有再次出现进一步的光谱突破。下一次的"突破"发生在 1802 年，当时威廉·海德·沃拉斯顿博士（Dr. William Hyde Wollaston，1766—1828 年）对牛顿的光学实验进行了简单的调整：他使用一个窄缝代替圆孔来允许光线通过。令人惊讶的是，这个非常小的改变（以及由燧石玻璃制成的长方体棱镜）产生了一个在质量和颜色上都远远优于以前的光谱。沃拉斯顿的实验进一步显示，光谱并非如之前所认为的是连续的，而是由一系列暗线打断的。牛顿使用的质量较差的棱镜无法区分太阳光谱。相反，颜色会像彩虹一样"融合"在一起。不幸的是，沃拉斯顿没有进一步研究这些暗线。

1814 年，一位杰出的德国光学仪器制造商和无色透镜（用于望远镜）的生产者利用这些暗线制造了无与伦比的透镜。长期以来，德国以制造用于无色透镜的最高质量玻璃而闻名，但正是约瑟夫·冯·夫琅和费（Joseph von Fraunhofer，1787—1826 年）通过他的玻璃制造成就，能够利用这些暗线准确测量特定玻璃的折射和色散能力。这些玻璃用于制造无色透镜，用于天文仪器，如望远镜。在夫琅和费以前，使用镜子的反射式望远镜（由牛顿发明）是最受欢迎的天文仪器，因为折射式望远镜（使用无色透镜）会产生色差[1]，从而导致图像模糊。通过增加焦距，反射式望远镜消除了颜色偏差，从而导致望远镜变得非常长，最终变得有些不实用（图 3.1）。

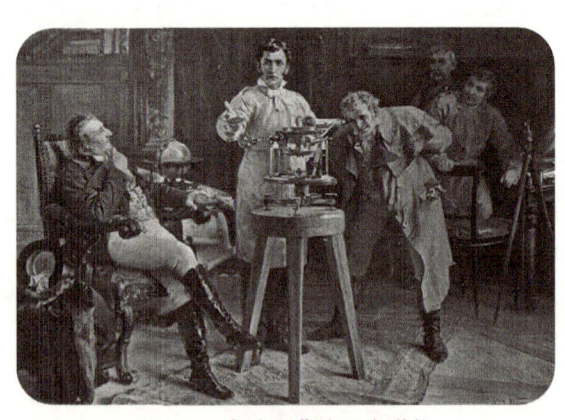

图 3.1 夫琅和费演示光谱仪

---

[1] 当透镜不能将可见光谱的所有波长聚焦到一个会聚点时，色差就产生了。在反射式望远镜中，通过增加焦距使望远镜变得很长来减少色差。在夫琅和费之前，无法对折射率进行精确测量，因此透镜的质量很差。黑暗的夫琅和费线成为可见光特定波长的精确折射率，从而消除了色差。精确的折射率使镜头达到令人难以置信的质量。

通过研究，夫琅和费能够确定这些暗线在太阳光谱中有固定的位置。为了对这些暗线进行分类，他将最显著的八条线命名为 A 到 H。夫琅和费通过绘制 700 条不同宽度的这些线，将它们用作玻璃样品折射率准确测量的"地标"，从而使他能够制造出质量非常好的透镜。仅仅因为夫琅和费的发现，具有先进透镜的折射式望远镜迅速取代了此前广泛使用的反射式望远镜，成为当时最常用的天文设备。然而，除了这一非凡的成就外，夫琅和费并没有深入研究这些暗线的本质，最终这些暗线被称为夫琅和费谱线（图 3.2）。相反，他只是将它们作为校准线来制造当时最高质量的透镜。19 世纪 20 年代初，光学专家亨利·科丁顿（Henry Coddington）牧师写道夫琅和费的发现：

> 这种光谱中的间断，最初由沃拉斯顿博士不完全地观察到，后来由慕尼黑的夫琅和费教授独立且非常精确地观察到，并被他称为光谱中的固定线，是整个光学科学领域中最重要的发现之一。

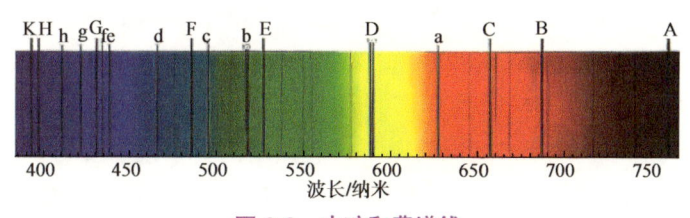

图 3.2　夫琅和费谱线

线的解读

1859 年，神秘的夫琅和费谱线被完全理解，为科学发现的新浪潮开启了大门。1810—1860 年，新元素的发现几乎停滞不前。1830—1860 年，只有两个元素被发现，分别是镧（La）和铒（Er），而在 19 世纪 50 年代没有发现任何元素。而德米特里·伊万诺维奇·门捷列夫（Dimitri Ivanovich Mendeleev，1834—1907 年）提出的元素周期律（元素的系统分组）直到 1869 年才被发现。

夫琅和费谱线的谜团最终被德国物理学家古斯塔夫·罗伯特·基尔霍夫（图 3.3）

图 3.3　古斯塔夫·罗伯特·基尔霍夫（Gustav Robert Kirchhoff，1824—1887 年）

解开。基尔霍夫的研究集中在各种光谱之间的关系上（其中夫琅和费谱线是其中之一），他使用了一种他与别人共同发明的设备——分光仪（对光谱的分析称为光谱测定法或者光谱学）。基尔霍夫使用分光仪对常见元素进行了实验，并分析了在不同条件下得到的光谱。例如，当基尔霍夫将钠盐放入火焰中时，他会使用分光仪来分析加热后的钠的光谱。此外，被分析的热气体还通过较冷的气体，这将揭示出不同的光谱。1859 年，基尔霍夫提出了三个定律，这些定律迅速引领了新元素的发现，并彻底改变了天文学。这些定律如下：

（1）固体和液体（以及高压气体）加热时会产生连续光谱。

（2）低压气体会产生不连续但具有特征性的亮线光谱（发射线光谱）。

（3）当白光（例如阳光）穿过气体时，该介质会吸收与其自身亮线光谱相同波长的光线（吸收线光谱）。

这些定律完全解释了太阳光谱中的夫琅和费谱线。正如夫琅和费所指出的，这些暗线在太阳光谱中是固定的，这意味着这些暗线实际上是在白光（日光）中被吸收的亮线。例如，将钠盐倒入火焰中会在光谱中显示出一条黄色的 D 线，正是基尔霍夫和他发现的三条定律给这种现象赋予了意义（实际上，钠产生的是一条双黄线，稍后会进行更精确的分析）。基尔霍夫证明，吸收线光谱中的暗黄钠线与发射线的 D 线完全对应。换句话说，它们只是同一条线的反转。因此，吸收线光谱中的每条暗线代表了元素或元素组合的特征信号，它们只是被阳光吸收而已。每个元素都有自己独特的光谱，就像人类的指纹一样，没有两个是相同的（图 3.4 和图 3.5）。

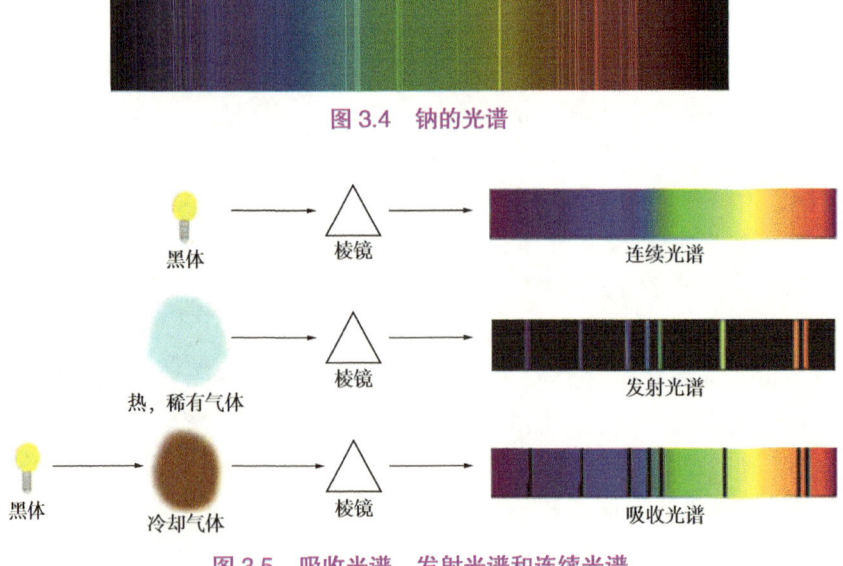

图 3.4　钠的光谱

图 3.5　吸收光谱、发射光谱和连续光谱

在掌握了这一新发现后，基尔霍夫和著名的本生燃烧器的发明者罗伯特·本生（Robert Wilhelm Bunsen）(1811—1899 年）开始研究各种地球元素的发射光谱，以确认或否认它们在太阳中的存在。基尔霍夫和本生很快确认了太阳大气中存在钠、铁、镁、钡、铜、锌、钙、铬、镍和铝的事实。当然，所有这些元素都处于气态，所以当通过光谱仪观察时，会出现暗色的"反转"夫琅和费谱线，这意味着这些元素的发射线被吸收了。通过这项工作，基尔霍夫成为首位提出太阳构成理论的人，并构想出太阳被许多元素的蒸汽包围，这些元素的发射线被太阳发出的白光吸收的概念[1]。

尽管基尔霍夫和本生对太阳和地球光谱的研究非常详尽，但在使用适当的测量方法时出现了一个问题。他们的所有结果都以任意比例表示，即整个光谱被等分为若干份，然后进行编号，并在该刻度上记录各种线的位置。因此，这种计量单位是没有意义的。安德斯·约纳斯·奥斯特伦（Anders Jonas Ångström，1814—1874 年）在 1868 年使用光栅[2]代替棱镜，测量了数百条线的波长，并将每条线的波长放置在相应的刻度上。这些单位被称为奥斯特伦单位（Å）[3]。例如，钠的波长为 5889Å，位于光谱的黄色区域。这个黄色发射线就是钠灯会产生如此明亮的黄色的原因之一。

直到很多年后，尼尔斯·玻尔（Neils Bohr）发展了量子理论，人们才理解了这些发射线和吸收线的本质。量子跃迁（电子从一个轨道跃迁到另一个轨道，即从一个能量较高的轨道移动到一个能量较低的轨道）是导致这些明亮线的原因。由于能量不能凭空出现或消失，因此在电子跃迁到较低能级轨道的情况下，必须将一些能量以光的形式释放出来。然而，这不代表可以释放任何光，而是与两个轨道之间的能量差相对应的精确波长的光。当同一元素的原子重复发生这个过程时，它会产生一个明亮的线谱。相反地，如果电子从低能级轨道向高能级轨道移动，它会吸收能量，从而在光谱中产生一个暗线。元素周期表中的每个元素都有其特定的电子能级，因此每个元素都有一个特定的光谱线"指纹"。

基尔霍夫和本生之所以能够取得上述成就，是因为他们在 1859 年发明了光谱仪。尽管在基尔霍夫时代之前就已经进行了光谱分析，但正是这两位科学家发明

---

[1] 回想一下，太阳的主要成分是氢和氦。氢和氦合在一起约占太阳中所有原子的 99.9%。其他一切加起来只占 0.1%。这并不是说其他元素含量在太阳中微不足道。太阳是由富含其他元素的气体云形成的（比如铁），这些元素可以从之前的超新星恒星中获得。虽然这些其他元素也存在于太阳中，但它们不负责为太阳提供动力的核反应。这就是为什么可以在光谱上看到这些元素。这些元素的存在也暗示了太阳是由第一代或第二代恒星的超新星形成的。

[2] 光栅产生的结果与棱镜相似。光栅是一种光学装置，它通过材料中均匀间隔的平行狭缝分离可见光，从而获得更高分辨率的光谱。像光栅一样工作的材料的常见例子是 CD 或 DVD。数据侧的凹槽是等距的，并且非常靠近。当在光中移动 CD 时，会出现一个明显的光谱。

[3] $1Å=10^{-10}$ 米。

了对地球和天文观测至关重要的装置，即光谱仪。光谱仪是一个简单的装置，由一个小的用于光通过的缝隙、一个用于折射光线的棱镜，以及一个用于观察结果的目镜或显示器组成（图3.6）。

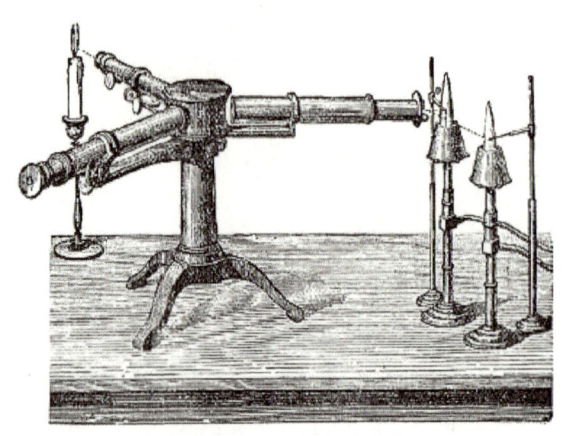

图 3.6　基尔霍夫光谱仪

在基尔霍夫引入光谱仪和以他名字命名的三条新定律后不久，光谱分析成为焦点，立即被用于绘制地球和天体物质的发射线。凭借这种新能力来确定太阳大气层中的元素组成，基尔霍夫还能通过实验工作发现全新的元素。1860年，基尔霍夫和本生利用光谱仪发现了铯，这是第一个通过光谱学方法发现的元素。

在发现铯之后的三年内，又有三个元素通过光谱学方法被发现：铊，由威廉·克鲁克斯（William Crookes，832—1919年）于1861年发现；铷，由基尔霍夫和本生于1862年发现；铟，由费迪南德·赖希（Ferdinand Reich，1799—1882年）和希罗尼穆斯·泰奥多尔·里希特（Hieronymous Theodor Richter，1824—1898年）于1863年发现。现在，光谱仪能够检测到一些通过一般化学方法无法发现的元素。例如，锂之前被认为只存在于四种矿物质中，但在光谱仪问世后，发现它几乎存在于各个地方，主要以化合物的形式存在。

当光谱仪通过发射线谱分析物质时，这些线本身代表了所研究的特定物质的"指纹"。因此，无论是单一元素还是不同元素组成的化合物，都可以通过它们发射的线进行检测。当时对这些线的起源并不清楚，但它能够绝对地识别特定元素。仅仅通过射线，就可以推测一个原子或化合物。

随着光谱仪的成功，人们开始着手研究太阳的性质，特别是在日全食期间观察到的"突起"（后来被称为日珥），这让几乎所有的天文学家都感到困惑。直到1860年，神父皮耶特罗·安吉洛·塞奇（Pietro Angelo Secchi，1818—1878年）和沃伦·德拉鲁（Warren de la Rue，1815—1889年）分别在不同的地点在西班牙的一次日全食期间拍摄到了日冕的第一张照片，这证明了突起实际上是与太阳相连的特征，而不是一些人怀疑的由地球（或月球）大气产生的。凭借对突起来源的了解以及光谱仪的引入，科学家现在可以在日食期间进一步利用光谱仪来研究这些事件。不幸的是，科学家们必须等到下一次日食，即 1868 年 8 月 18 日在印度部分地区才能使用他们的光谱仪。在下次日食期间，观测突起的天文学家和科学家们通过光谱仪了解这些突起是固体、液体或气体。如果它们是气体，正如许多人所认为的那样，会显示出明亮的发射线光谱（图 3.7）。

图 3.7　日冕与日珥
（美国国家航空航天局）

了解太阳

直到 19 世纪中叶，人们对太阳的了解非常有限。由于太阳的亮度很高，它是一个难以研究的天体；通过肉眼观察几乎无法获取多少信息，而且眼睛很容易受到损伤。由于普遍缺乏相关知识，科学家们对太阳的组成可以任意设想。例如，威廉·赫歇尔（William Herschel，1738—1822 年）是天王星的发现者，也是当时最受尊敬的天文学家之一。他认为太阳的组成类似于地球（即岩石），太阳的内部较为凉爽，可能在较冷的区域存在生命。他认为太阳上的低层云层可以保护其居民免受上方的热量影响。

值得注意的是，在那个时代，每位天文学家都相信太阳的组成类似于地球。核聚变在那个时候还是一个未知的现象，因此没有理由相信太阳由与地球不同的物质构成。当时还没有办法确定太阳是由气体构成的，因为地球是由岩石构成的，所以类比的太阳也是如此。

考虑到在白天研究太阳的困难任务，科学家和业余爱好者唯一能进行太阳观测的时机是在日全食期间，即当月球直接挡住太阳时，但这种情况并不经常发生。自 17 世纪初以来，人们已经注意到了日食的观测，但除了通过想象力产生的思考之外，很少能从这些事件中学到什么。观察者们对壮观的光环或"日冕"（太阳的外大气层）感到困惑，他们会在日全食期间出现，这使人对它的起源产生疑惑。

除了日冕，许多人还注意到，在日全食期间，会出现"红色火焰"，它们看起来像是从太阳边缘突出的巨大火焰。

1842年，一位名叫弗朗西斯·贝利（Francis Bailey）的股票经纪人和业余天文学家在一次日全食期间进行了观测，他的描述如此详细，几乎可以肯定地说，这引领了一股新的日食观测热潮。贝利将这些红色火焰称为"突起"，因为这些火焰似乎从太阳边缘突出来的。贝利写道：

> 我被下方街道传来的巨大掌声震惊了，与此同时，我在看到一种最辉煌壮丽的现象时感到了电击般的震撼。因为就在那一瞬间，月亮的黑暗本体突然被一圈光环所包围，一种明亮的荣耀。我预料到在日全食期间，月亮周围会有一个发光的圆圈，根据之前阅读过的关于日食的描述，我没有预料到会目睹到如此壮丽的景象。这个壮丽而令人惊叹的现象无疑会引起每个观看者的赞赏和掌声，然而，我必须承认，它独特而奇妙的外观中同时也有一些令人恐惧的东西。然而，这一现象最引人注目的是从月亮的周围发出的三个巨大突起的出现，显然它们是日冕的一部分。

很快，人们开始理解这些突起的性质和组成。日食成为研究太阳的唯一途径，因为太阳本身非常难以研究。正如贝利在上面的描述中所证明的那样，关于太阳的组成，唯一的证据就是想象力所能构想出来的。只有通过使用光谱仪，才能得出更确凿和具体的结论。尽管现在使用的设备更加先进，但仍然使用了光谱学的相同基本原理来研究其他恒星和星系。

日渐消失的元素

图3.8 约瑟夫·诺曼·洛克耶
（Joseph Norman Lockyer, 1836—1920年）

约瑟夫·诺曼·洛克耶

1866年，天文学家洛克耶（图3.8）像许多其他天文学家一样，渴望了解只有在日全食期间才能看到的日珥的组成。如果第一次用光谱仪观察时显示出连续光谱，那么日珥可能是液体或固体的；反之，如果显示出发射线光谱，那么它们将证明是气体性质的。

洛克耶花了几年时间用光谱仪观察太阳黑子，并很快发现（通过光谱仪）太阳的某些部分发生了更多的吸收。基于这个观察，洛克耶和他的朋友鲍尔弗·斯特沃特（Balfour Stewart，1828—1887年）都认为日珥可能是气体性质的。如果日珥是由气体组成的，即使没有日食的发生，也应该存在发射线。主要问题是在白天如何观察太阳。洛克耶写道：

> 我们得出的结论是，这些红色火焰很可能是炽热气体的团块。根据这个假设，很明显它们的存在应该在没有发生日全食的情况下通过光谱仪揭示出来，因为它们并不是通过任何神奇或神秘的过程变得可见，而只是因为太阳强烈的光线不再遮挡它们。因为红色火焰只有在太阳被遮挡时才被肉眼可见，但这并不意味着它们的存在在其他时间不会被光谱仪探测到；而且，突起物在肉眼和普通阳光下是不可见的，因为太阳附近的区域与突起物一样明亮甚至更亮。因此，它们被"熄灭"，就像白天的星星一样。

为了解决白天的这个问题，洛克耶认为如果他能使光谱仪中的狭缝更小更细，那么发出的任何光线都会在一个较大的区域显示，从而导致光线被稀释。然后，随着光谱的稀释背景变暗，明亮的发射线就可以在这个褪色的背景上更加明亮地显示出来。

尽管洛克耶在1866年的发表的一篇文章中对这个想法充满信心，但他缺乏具有显著分散能力的光谱仪来证明他的假设。洛克耶在1866年表示："光谱仪是否可以提供太阳大气中'红色火焰'存在的证据，尽管它们在其他时间逃避了所有其他观测方法的观测？如果是这样的话，是否可以从中了解到最近恒星和日冕的爆发情况呢？"为了证明这个假设，洛克耶需要一台更强大的光谱仪。

洛克耶决心证明日珥是气体，他迅速向英国政府拨款委员会寻求资金，用于建造一台更强大的光谱仪。建设工作于1867年初开始，并于1868年10月16日交付，但尚未完工。不幸的是，对洛克耶来说，这次日全食已经在近两个月前发生了。

1868年8月18日的日食

科学家和天文学家组成的团队带着光谱仪前往印度，以确定8月份的日食中的"红色火焰"或突起的组成成分。这是第一次使用光谱仪进行的考察。皇家学会、皇家天文学会、科学院和经度局的代表都参与了这一罕见事件的调查。在日全食期间，观察者只需将光谱仪直接对准突起的一部分，组成成分就会在较短时间内揭示出来（图3.9）。

一旦日全食的时刻到来，大多数科学家几乎立即看到了明亮的线条。这些红色的火焰是由气体组成的。

人们开始用电报传达这样一个事实：这些红色火焰确实是由气体组成，因为人们通过光谱仪看到了"明亮的线条"。几位天文学家对他们观察到的情况进行了评论，但几乎每个观察者都标记了每条线的不同位置。尽管如此，所有观察者都了解到太阳突起的主要成分是氢，这可以通过代表该元素的明亮C（红色）和F（浅蓝色）线条来看出。尽管这些观察者还注意到了其他的谱线，但在光谱的黄色区域有一条异常的特别明亮的线。以下是8月18日日食观察者的一些书面记录：

图3.9　1868年8月18日，暹罗国王蒙古特（Mongut）和英国团体一起观看日食

乔治·拉叶（Georges Rayet）（在马六甲观测到日食）："我立刻看到了一系列明亮的九条谱线，我认为它们应该与太阳光谱的主要谱线B、D、E、b、一个未知的谱线F以及G组的两条谱线相对应。"

C.T.海格（C.T. Haig）上尉（在印度的毕加普观测到日食）："我可以立即说明，我观察到了两个彼此靠近的红色火焰的光谱，在它们的光谱中有两个明亮而清晰定义的宽带，一个是玫瑰红色，另一个是浅金色。"

诺曼·罗伯特·伯格森（Norman Robert Pogson）（在马苏里帕塔观测到）："黄线在D处或靠近D处。"

约翰·赫歇尔（Lieut. John Herschel）（在贾米坎迪观测到）："我记录到在D线附近的光谱亮度逐渐增加，实际上增加到了无法测量该线的程度，直到一片适时的云层减弱了光线。我无法对此提供任何解释。我认为橙线与D线是相同的，就仪器的能力来说，能够建立这种一致性。"

皮埃尔·詹森（Pierre Janssen）（在印度甘图尔观测到）："日全食之后立即出现了两个壮丽的红色火焰喷发；其中一个时间超过3分钟，闪耀着难以想象的光辉。对其光谱的分析表明，它是由一个巨大的、主要由氢气组成的发光气柱形成的。"

在阅读这些不同天文学家的报告时，最明显的问题是：谁是第一个在1868年8月18日的日食期间看到黄色氦线的人？从逻辑上讲，几乎所有代表的天文学家可能都看到了黄线，我们知道确实有很多人看到了。由于太阳中氦的大量存在，黄线肯定是氢线之后最突出的之一。

值得注意的是，尽管皮埃尔·詹森（图 3.10）经常被认为是第一个在这次日食中看到黄色氦线的人，但他在 1868 年 9 月的出版物《科学报告》中详细描述了他的观察结果，并未提及这一点。詹森是第一个在没有日食的情况下观察到太阳日珥的天文学家，正如洛克耶两年前所提出的。不知何故，历史将这一成就与 1868 年 8 月 18 日的日全食中发现的黄线联系在一起，稍后将进一步讨论此事。

图 3.10　皮埃尔·詹森
（Pierre Janssen，1824—1907 年）

日食之后

当洛克耶更强大的新型光谱仪最终在 1868 年 10 月 16 日交付时，它仍然不完整。尽管存在一些缺陷，但它已经可以让洛克耶进行观测。经过多次调整，洛克耶终于在 1868 年 10 月 20 日一个寻常的白天扫描太阳边缘时，兴奋地观察到了发射线。他对这次观测的结果描述如下：

> 先生，我恳请您提前了解一下更详细的情况，我要告诉您，在经历了一系列看似无望的失败后，今天早上我终于成功地获取并观测到了太阳耀斑的一部分光谱。
>
> 结果是，我确认了三条明亮的线，并确定了它们的位置：Ⅰ. 与 C 线完全重合；Ⅱ. 与 F 线几乎重合；Ⅲ. 靠近 D 线。
>
> 第三条线（靠近 D 线的那条）比两条最暗线中较折射性更高的那条线在基尔霍夫的刻度上高出 8~9 度。我无法给出确切的说法，因为光谱的这一部分需要测绘。
>
> 我有证据表明这个突起是非常好的。
>
> 所使用的仪器是太阳光谱仪，其建造资金由政府拨款委员会提供。遗憾的是，它的建造被延迟了这么长时间。

第 3 章　发现的基础

这封由洛克耶写的信于 1868 年 10 月 21 日被法国科学院收到。有趣的是，皮埃尔·詹森在印度写的一封关于观察日珥的信，也在同一天几分钟后抵达巴黎，只比洛基耶的信晚到几分钟。詹森在 1868 年 9 月 19 日写了这封信，但从印度寄到巴黎花了一个多月的时间。

詹森因为观测到太阳的日珥发射线而获得了发现的荣誉，而不是 1868 年 8 月 18 日的实际日食。此外，如果不是洛克耶在 1866 年发表的假设，詹森可能不会知道要尝试在白天观察太阳的日珥。那么，谁应该获得这一特定发现的荣誉呢？这个问题最好由法国科学院的杰出天文学家 M. 法耶来回答。

> 因此，与其试图分配并因此削弱这一发现的价值，不如毫无保留地将整个荣誉归功于这两位科学家，他们分隔数千英里，却各自有幸通过最令人惊讶的观察方法，达到了无形和不可见的领域，这可能是观察天才曾经构思出的最令人惊讶的方法。

这一发现进一步揭开了太阳大气层的谜团。法国科学院因此将这一发现授予洛克耶和詹森，并铸造了一枚纪念太阳突起分析的奖章，上面刻有两位科学家的肖像。这个奖项与那个无法解释的黄色氦谱线的发现无关。相反，它是因为证明了可以在任何时间观察到发射线（多条线），而不需要等待下一次日食。詹森和洛克耶都为日常分析太阳奠定了基础。

D 线的意义

在 1868 年 11 月，即在 8 月 18 日日食之后不久，塞奇的观测结果为确定 D 线的意义提供了助力。塞奇首次在他的信中注意到了黄色的 D 线，信的标题是《关于红色突起》。塞奇对此持怀疑态度地认为这条新的 D 线可能代表了高压下的氢。然而，后来塞奇发现这条线并不属于氢，因为实验室研究无法重现这条黄线。

在日食之后，洛克耶也继续进行他的光谱学研究，并在 1868 年 11 月初进一步确定了太阳上的一个新圈层，他将其命名为色球层［这个名字是由皇家学会的秘书威廉·夏皮提（William Sharpey）提出的］。洛克耶对如何解释这条黄线仍然不确定。为了解决这个问题，他招募了伦敦皇家化学学院的爱德华·弗兰克兰（图 3.11）来帮助他进行实验室的工作，而洛克耶自己在这方面经验有限，希望通过洛克耶和弗兰克兰的共同努力，能够找到神秘的黄线背后的含义。

弗兰克兰见到洛克耶,并被他介绍的黄线深深吸引,他说:"上周日你向我展示的那座辉煌的氢之山,没有什么比黄线的明亮更让我深感震撼,我认为不应该轻易放弃从地球氢中获取它的努力。"在弗兰克兰发表这一特定评论时,洛克耶已经开始考虑黄线可能代表一种新元素。通过光谱仪发现新元素的前景无疑是令人兴奋的,因为已经通过光谱仪发现了四种元素。

为了更多地了解这条新的黄线,洛克耶和弗兰克兰全力投入研究可能在光谱仪下显示出这条线的任何地球物质。尽管洛克耶对

图3.11 爱德华·弗兰克兰
(Edward Frankland,1825—1899 年)

可能存在新元素持有一定的信心,但弗兰克兰坚决反对在所有研究尽力之前就达成这样的结论。直到 1869 年,氦气才因其与钠的 D_1 线和 D_2 线靠近而被称为 D_3 线,成为一种引人注目的现象。这个新标签是由塞奇给出的,在 1869 年 5 月 21 日的《法国科学院报告》中首次出现在一张草图中。

在整个 19 世纪 70 年代,洛克耶似乎一直为无法复制这条线而苦恼,尤其是在氢研究中。在 1871 年 1 月 19 日至 1871 年 8 月 3 日期间的某个时间点,尽管没有书面记录,但氦这个名称最终被引入世界。洛克耶给这条神秘的线起名为氦气,以希腊太阳神赫利俄斯的名字命名,只是为了与氢气区分开来。洛克耶写道:

> 我发现黄线的行为与红线或蓝线完全不同;因此知道我们所处理的不是氢气;我们必须面对一种我们无法在实验室中得到的元素,因此我自愿承担起了为这个词"氦"命名的责任,最初是为了实验室使用。

尽管上述引文暗示洛克耶知道 D3 线不是氢的一种形式,但从其被发现到最终在地球上被确认之前,洛克耶始终无法确信氦的发现,因为它仍没有出现在地球上的任何地方。

第一次公开提到"氦"这个词是在 1871 年威廉·汤姆森(William Thomson,1824—1907 年,后来被称为开尔文)在爱丁堡英国协会主席演讲中。开尔文说:

> ……似乎已经证明,"日冕"的一部分光线至少是地球大气层的光晕或反射,是太阳周围发光的氢和氦的光线的色散❶。

---

❶ 弗兰克兰和洛克耶发现黄色突起在 D 线附近有一个非常明显的亮线,但迄今尚未与任何地球上的火焰相对应。这似乎指示了一种新物质,他们提议称为氦。

尽管开尔文对洛克耶和弗兰克兰都表示了赞赏，但这个名称的功劳完全归洛克耶一人。在开尔文的讲话之后不久，弗兰克兰仍然对新元素的观点持怀疑态度，似乎对共同命名的暗示置之不理。一年后，作为英国协会的下任主席，威廉·本杰明·卡本特（William Benjamin Carpenter，1813—1885年）对氦发表了不太好的评论，弗兰克兰迅速与此事拉开了距离。弗兰克兰似乎担心通过一个潜在的虚假声明对他的声誉造成损害（作为对卡本特声明的回应）：

> 毫无疑问，卡本特博士是错误的，他将我的名字与你的名字联系起来，与氦有关，而我记得在我们关于黄线的对话中，我一直反对做出这种假设，直到我们尽一切努力将该线从氢中排除为止。

关于氦的下一次公开提及似乎是由皮埃特罗·塔基尼（Pietro Tacchini，1838—1905年）1872年2月18日在巴勒莫皇家大学的一次公开会议上提到的。塔基尼表示：

> 因此，在突起中除了氢和临时命名为氦的元素外，还有其他18种元素，氦是始终存在的，并代表整个色球的恒定物质。

在这两个公开活动之后，氦的名称再次被约翰·W.德雷珀（John W. Draper，1811—1882年）在他于1876年11月16日担任美国化学学会首任主席时提到。另外，洛克耶在地球上发现氦之前很少提到这个名字，而更倾向于称其为"D_3"。他对于无法确定其存在的事实感到非常困惑，他在那段时间的写作很好地显示出他为此感到混乱。

> 1869年2月11日：D线附近的明亮线在夫琅和费谱线中似乎没有对应物。这个事实意味着，假设该线是氢线，色球层的选择性吸收不足以逆转光谱……我们完全未能在所指示的地方（即D线附近），检测到氢光谱中的任何线条，但我们还没有完成我们自己提出的所有实验。
>
> 1869年3月18日：关于黄线的问题，弗兰克兰和我已经提出可能是由于大厚度的氢辐射引起的。
>
> 1869年3月19日：氢的D线也呈现出类似的外观。
>
> 1871年1月19日：X（新元素）……靠近D线。
>
> 1874年出版的书籍：……首先，我们现在完全确定D3线与氢气没有任何关系。（洛克耶在这本书中没有提到"氦"）
>
> 1887年11月17日：然而，如果最终确实确定该线是D3线，那可能代表一种精细形式的氢气。
>
> 1889年12月19日：证据表明，D3线和f线的气体比氢气更细。

尽管氦气在 1868 年夏天首次被发现，但直到 1896 年威廉·拉姆齐在一种含铀矿物中发现了黄线，才有了确凿的证据表明发现了一种新元素。即使在地球上被发现后，关于氦气的存在仍然存在很大的争议。

氦在地球上的发现

如果几位科学家采取了进一步的措施，可能会加速氦在地球上的最终发现。例如，如果洛克耶和弗兰克兰调查了更多的岩石样本，而不是专注于通过操纵氢样本来创建黄线，氦气可能在 19 世纪 70 年代就在地球上被发现了。氦气，像许多其他科学发现一样，只有在它之前的数百年科学进步的基础上才被知晓存在。与之前已经确认的任何其他元素不同，氦气的发现之路还远未完成，还需要更多年的时间才能得到确凿的证明。

氦气在地球上的发现之路始于 1887 年，当时美国地质调查局的威廉·弗朗西斯·希尔布兰德（图 3.12）研究了一块从康涅狄格州采矿场开采的铀矿晶体。在矿物调查中，希尔布兰德通常会将一部分岩石研磨成粉末，然后用硫酸处理样品。这个铀矿样品在处理过程中开始缓慢地释放出一种气体，最初被认为是二氧化碳。然而，通常二氧化碳的释放都会在与硫酸反应时迅速发生。相反，这个特定的样品以持续气体流的形式缓慢释放气体。

在希尔布兰德用光谱仪收集并分析了气体样品后，他确定它显示出氮的光谱。这并不完全是他预期的结果，因此继续对从美国其他地区收集的更多铀矿样品进行进一步实验。他测试的几乎所有样品都显示出类似的气体排放。希尔布兰德 1890 年在《美国地质调查局公报》上发表了他的研究成果，题为《关于铀矿中氮的存在》。

图 3.12　威廉·弗朗西斯·希尔布兰德（William Francis Hillebrand，1853—1925 年）

通常情况下，这类地质学的出版物很少会被非地质学家所关注，但是希尔布兰德的论文在 1895 年被介绍给了英国化学家威廉·拉姆齐（图 3.13）。拉姆齐刚刚通过氮实验发现了氩气，他的朋友威廉·迈尔斯（William Miers）向他介绍了这篇论文，他立刻产生了兴趣。

拉姆齐在 1894 年与雷利（Rayleigh）[又名约翰·威廉·斯特鲁特（John William Strutt），1842—1919 年]共同发现了新元素氩，这直接为地球上氦的发现铺平了道路。1892 年 9 月，雷利在《自然》杂志上发表文章，向读者征求建议，解释为什么从空气中分离出的氮的密度略高于从氨中得到的实验室氮。拉姆齐接手了这个任务，并立即通过实验来寻找大气中更重的气体或从氨中得到的氮中更轻的气体。拉姆齐相信，根据元素周期律，元素周期表的第一列末尾有空间容纳一个（或多个）气体元素。他的计算使他相信这种气体的密度应该是 20（或氮的 1/120）。1894 年 4 月 23 日，拉姆齐在给妻子的一封信中透露，通过他对氮的研究，"很有可能氮中存在一些被忽视的惰性气体……我们可能发现了一种新元素。"在 5 月 24 日写给雷利的信中，拉姆齐透露了新气体可能的位置（用星号表示）。

图 3.13　威廉·拉姆齐
（William Ramsay，1852—1916 年）

拉姆齐分离大气中氮气的方法是首先去除氧气、水蒸气和二氧化碳，从而得到相对纯净的氮气。通过使用加热的镁吸收氮气，任何剩余的残留气体应该可以通过光谱显示出来。

一个月后，拉姆齐在给雷利的信中透露，他相信他可能已经分离出了这种残留气体，并在 8 月初坚定地表示已经分离出了这种气体。起初，他将这种气体标识为"Q"，但很快就确定了"氩气"（源于希腊语，意为"不活跃"）这个名称。它之所以被命名为氩气，是因为它的惰性，即它不会与任何其他已知物质发生反应。氩气的故事于 1895 年 1 月 31 日向皇家学会公开揭示。

在 1894 年发现了第一种稀有气体之后，拉姆齐开始关注希尔布兰德的研究结果。拉姆齐怀疑希尔布兰德观察到的气体是氮，并说："我怀疑所有氮的化合物，当与酸煮沸时，都会产生游离氮。"因此，拉姆齐很快获得了另一种基于铀的矿物——科拉维特石，并以与氩实验相同的方式处理这种矿物，在真空管中收集残余气体进行分析。1895 年 3 月 24 日，拉姆齐写信给他的妻子：

> 让我们先来看最重要的消息。我将这种新气体装在一个真空管中，并准备好能够同时观察它和氩气的光谱。这个气体中含有氩气，但是有一条壮丽的黄线，非常明亮，虽然不与钠的黄线完全重合，但非常接近。我感到困惑，但开始有点起疑心了。我告诉了克鲁克斯，然后在星期六早上，当哈利、希尔兹和我在黑暗的房间里观察光谱时，收到了克鲁克

斯的一封电报。他寄来了一份副本，我附上了那份副本。你可能会想知道它的意思是什么。氦是太阳光谱中的一条谱线，被认为属于一种元素，但这种元素在地球上迄今为止还未被发现。氪是我给克鲁克斯的气体的名称，我知道光谱指向了一些新的东西。587.49nm 是这条明亮谱线的波长。它给人的震撼远超氩气。

在观察之后，拉姆齐立即认为自己发现了一种新元素，他简短地将其命名为氪。当晚，克鲁克斯发来了一封电报，确认了这条新谱线的波长。克鲁克斯确定，这是那条多年来困扰洛克耶的 D_3 谱线。从那一刻起，人们知道氦存在于地球上。

氦的揭示

氦发现的首次公开报道是在 1895 年 3 月 27 日的化学学会年会上，当时正在给雷利颁发法拉第奖。拉姆齐在会议间歇发言并揭示他的发现：

> 在寻找氩的化合物线索时，我重复了希尔布兰德对克利夫石的实验。众所周知，当克利夫石与稀硫酸煮沸时，会释放出一种被认为是氮气的气体；在普勒克管中，它的光谱显示出所有明显的氩线，还有一条明亮的线，靠近但不与钠的 D 线重合。此外，还有许多其他线条，其中一条在绿蓝色区域尤为显眼。大气中的氩除了显示出三条紫线外，这些紫线在克利夫石气体的光谱中要么看不到，要么非常微弱。这表明大气中的氩气体除了氩之外，还含有一些尚未分离的其他气体，或许可以解释氩在其与其他元素的数值关系中的异常位置。由于没有能进行准确测量的分光仪，我将一管气体送给了克鲁克斯先生，他将黄线与太阳元素的线条进行了对比，确认这个元素是"氦"。他承诺对其光谱进行全面研究。
>
> 我已经获得了相当数量的这种混合物，希望能够很快报告其性质。测定其密度将具有很大的研究前景。

在揭示这一现象级的发现后，拉姆齐迅速开始尝试在其他矿物中发现氦。在氦存在于地球上的事实公之于众的前两天，拉姆齐曾致信美国地质调查局的弗兰克·威格尔斯沃思·克拉克（Frank Wigglesworth Clarke, 1847—1931 年，是希尔布兰德的同事），以获取美国铀矿石的样品，该样品被转交给希尔布兰德。拉姆齐当然怀疑铀矿石样品中也应该含有氦。希尔布兰德在阅读拉姆齐的信后回复说，他对在与铀矿石工作期间没有更加关注光谱感到遗憾。希尔布兰德在光谱分析方面相当于新手，因此对他的光谱观察并不重视。希尔布兰德对拉姆齐于1895年4月4日写给克拉克（Clarke）的信的回复如下：

> ……我最终得出结论，这些明亮的线条——根据我的记忆，它们在两三个检查的气体样品中并不是恒定的——可能不是由于其原始成分引起的。因此，非常不幸的是，我发表的论文中没有提及光谱的异常现象，这一点我非常遗憾，因为这样显得我观察过于粗心。

在这封信中，希尔布兰德也同意提供拉姆齐一份铀矿石样品，以便他能够对该矿石进行分析，后来拉姆齐证明了铀矿石中存在氦光谱。拉姆齐没有浪费时间，他分析了更多的矿石，并很快意识到几乎所有含有铀的矿石中都含有氦。

在接下来的一个月里，随着持续的研究，拉姆齐对于氦（和氩）是否是一个单一元素还是多个元素的组合变得不确定起来。光谱分析使得在氦（和氩）的情况下很难确定光谱序列中的其他线条是特定元素的指纹还是多个元素的化合物。也就是说，由于可能存在其他元素，但无法将其分离出来，因此无法确定发射线是否代表一个或多个元素。然而，拉姆齐注意到，如果它们确实是两种独特的气体，氦和氩都具有相似的性质。尽管多次试图产生某种反应，但最终似乎完全无法反应。基于门捷列夫建立的元素周期体系，拉姆齐推测，如果它们确实是两种独特的元素，那么它们很可能属于同一自然族群。拉姆齐写道：

> 对于推测性质，我只做一个评论：氦气与氩气的普遍相似性，以及在存在钾的情况下，既不受红热镁的影响，也不受与氧气发生火花的影响，使得它们很可能属于同一自然族群。如果氩的原子量为20，那么减去16（这是从锂到氟的第一行成员的平均原子量与从钠到氯的第二行成员的平均原子量之间的差异），得到的是数字4；这个数字不太高，与氦的原子量非常接近。

许多其他科学家进行了更多研究，试图了解这种新发现的地球元素的性质。到1895年秋天，许多科学家认为氦不是一个单一的元素，而是两种或更多未知气体的混合物。这是由于根据1895年的元素周期表排列，推断出在氢（原子量为1）和锂（原子量为7）之间存在几种元素，其中氦（原子量为4）只是其中之一。因此，根据H.N.斯托克斯（H.N. Stokes）在他1895年发表于《科学》杂志上的论文《氦和氩》，克鲁克斯、洛克耶、朗格、帕申和其他人进行的光谱研究表明，我们现在所称的氦不是单一物质，而是两种或更多迄今未知气体的混合物。

不受氦可能是两种或更多元素的观点所阻挠，拉姆齐继续研究，他得到了英国化学家莫里斯·威廉·特拉弗斯（Morris William Travers，1872—1961年）的帮助，他们的主要关注点转向将氦和氩放置在门捷列夫的元素周期表上。如果门捷列夫的元素周期表是正确的，如果氦和氩被确认为独立的元素，那么拉姆齐认为在氦和氩之间应该存在另一种惰性气体。在多次从任何矿物或陨石来源中找到这种预测元素的努力失败后，拉姆齐将注意力重新转向氩。拉姆齐很快发现，通过扩散，氩可以分离成较轻和较重的部分，从而表示氩中有杂质。1898年初夏，拉姆齐和特拉弗斯发现了两种新的大气元素。其中比氩更轻的气体，被命名为氖（意为"新"），还有一种比氩气更重的气体被命名为氪（意为"隐藏"）。不久之后，拉姆齐和特拉弗斯又发现了另一种元素——氙（意为"陌生人"），从而几乎完成了当前元素周期表中的惰性气体列❶。

X 射线及放射性

随着19世纪接近尾声，科学发展的速度不断加快。从1868年氦首次被发现到19世纪末，已经发现了18种新元素，其中包括6种惰性气体中的5种。就在世纪之交之前，X射线［由威廉·康拉德·伦琴（Wilhelm Conrad Röntgen）于1895年发现］、放射性［亨利·贝克勒尔（Henri Becquerel）于1896年发现］和电子［J.J.汤姆逊（J.J. Thomson）于1897年发现］已经被发现。每一项发现都在前一项的基础上取得了进展，最终有助于揭开神秘的新元素——氡的奥秘。

1896年初，一位法国物理学家得知了新发现——从磷光阴极管中发射出的X射线（又称伦琴射线）。亨利·贝克勒尔（图3.14）在过去几年里一直试图理解发光现象（磷

图3.14　亨利·贝克勒尔
（Henri Becquerel，1852—1908年）

❶ 这三种新气体是通过对正常环境空气的研究发现的，当时还没有发现氡存在于大气中。1898年秋天，柏林的C.弗里德兰德（C. Friedländer）和波恩的H.凯瑟（H. Kayser）最终发现了大气中氡的存在。凯瑟还因为在发现大气中的氡气之前，在德国西南部山林地区的怀尔德巴德泉水中发现了释放出的氡气而受到赞扬。

光❶），但在得知德国物理学家伦琴的发现之前，他无法得出任何结论。贝克勒尔开始推测磷光矿物与 X 射线之间可能存在关联。也就是说，他认为当一个磷光矿物在阳光下暴露后，可能会在其磷光的激发状态下释放 X 射线。

贝克勒尔的实验方法是找一个完全覆盖黑纸和一层薄铜片的照相底片，并将铀盐放置其上。尽管尝试了各种矿物，但贝克勒尔在 1896 年 2 月底向法国科学院报告称，铀盐在阳光照射后释放出的射线穿透了铜片和包裹照相底片的黑纸。不幸的是，这个效应本身并没有太多见解，因为在那个月早些时候，已经有两位科学家揭示了类似的实验结果，展示了磷光材料穿透黑纸的照相效应。

富有戏剧性的是，贝克勒尔真正实现突破是由于他无法工作的一天。在某天阴天的情况下，贝克勒尔把实验板片放在一个抽屉里，等待晴天继续研究。4 天后，贝克勒尔取出完全处于黑暗中的板片，并显影其中的一张。令他十分惊讶的是，铀和铜片所在的地方，板片完全变黑了。经过几次相同结果的实验后，贝克勒尔证明了在铀处于非磷光状态时存在着看不见的射线。对这些看不见的射线进行了许多实验，结果显示它们并非贝克勒尔最初认为的 X 射线。相反，它们是一种新型的看不见的辐射，后来被称为贝克勒尔射线。贝克勒尔得出结论，磷光与这些新射线的产生无关。他研究的许多铀样品没有磷光性质，因此这种效应只能是由于铀的存在引起的，一定是铀本身发出了这种新的辐射。贝克勒尔发现了自发放射现象。

贝克勒尔一公布这些重大发现后，就在 1896 年 5 月离开了这个领域。直到 1898 年初，居里夫妇（图 3.15）研究了各种铀化合物的射线发射效应，进一步解释了放射性现象❷。

在 1898 年之前，已知的原子质量最高的元素铀是唯一一个被确认具有放射性特性的物质。有趣的是，从贝克勒尔的发现到 1898 年初，没有人去测试原子质量第二高的元素钍的性质❸。到 1898 年 4 月中旬，德国化学家格哈德·卡尔·施密特（Gerhard Carl Schmidt，1865—1949 年）与波兰—法国物理学家和化学家玛丽·居里

图 3.15　居里夫妇

---

❶ 磷光材料会立即吸收光线，然后逐渐发出可见光。当磷光材料吸收光时，材料内的原子被激发，释放出这种激发态的能量作为可见光，并保持这种状态，直到所有的原子都恢复到正常状态。磷光材料的一个例子是带有时针 / 分针的手表，暴露在正常光线下后会在黑暗中发光。

❷ 放射性这个词是由居里夫妇创造的。

❸ 钍和铀之间的元素镤直到 1910 年才被发现，门捷列夫早就预言了它的存在。

（Marie Curie，1867—1934 年）分别发现，钍也具有放射性特性。通过重复使用照相底片进行类似实验，钍和铀都展现出了相同的结果。

玛丽·居里和她的丈夫——法国物理学家皮埃尔·居里（Pierre Curie，1859—1906 年），很快发现铀和钍的放射性与化合物中的铀和钍的含量成正比。通过这一观察，居里夫妇最终得出结论，他们的放射性是铀和钍的原子性质。如果这个结论是正确的，那么他们应该能够理解为什么其他以铀为基础的矿物质（如钍铀矿），比其铀浓度通常显示的更具放射性。居里夫妇相信，钍铀矿中必须存在另一种更具放射性且未知的元素。

正如预测的那样，居里夫妇发现了一种新的放射性元素，他们以玛丽的祖国波兰命名为钋。这一结果于 1898 年 7 月 18 日向法国科学院公布❶。在继续研究钍铀矿时，他们又成功发现了另一种比钋更具放射性的新元素——镭。镭的放射性被发现比铀高出 900 倍，于 1898 年 12 月 26 日向法国科学院公布。镭的光谱引入了一个新的紫外线发射线，其波长被计算为 381.48 纳米，对这个新元素的发现并无质疑的声音。

于是，居里夫妇得出结论，放射性来自原子而不是分子之间的活动。也就是说，放射性是被研究的放射性物质的一种原子性质。由于他们对放射性现象的贡献，贝克勒尔和居里夫妇在 1903 年获得了诺贝尔奖。

欧内斯特·卢瑟福

放射性的发现被证明是揭开氦之谜最重要的贡献。虽然在世纪之交之前，氦的起源是未知的，但是放射性的出现和随后的研究很快揭示了氦的形成。新西兰物理学家欧内斯特·卢瑟福（图 3.16）发现了也许对氦气性质来说最重要的发现之一，他被许多人认为是量子物理学之父。

1899 年 1 月，当其他科学家试图寻找更多放射性物质时，卢瑟福将注意力转向了放射性物质的实际辐射。通过在铀化合物上层叠连续

图 3.16 欧内斯特·卢瑟福（Ernest Rutherford，1871—1937 年）

---

❶ 尽管钋的发现结果于 1898 年 7 月在法国科学院公布，但它的存在仍有一些疑问。收集到的钋数量非常少，以至于无法显示出独特的发射谱线。此外，放射性仍然是一种非常新的未知现象。

的铝片后研究辐射，他很快发现贝克勒尔射线实际上由两种不同的射线组成。在接受 1908 年诺贝尔化学奖时，卢瑟福提到了这一发现。

卢瑟福很快确定贝克勒尔射线从铀中发射出来，由两种类型辐射组成，主要区别在于它们的穿透能力。为了区分这两种辐射，他将它们分别命名为 α 射线和 β 射线。当其他放射性物质被发现时，人们发现存在的辐射类型类似于铀的 α 射线和 β 射线，当维拉尔德（Villard）发现了一种更具穿透力的来自镭的辐射时，将其称为 γ 射线。卢瑟福因在由他引领的新科学领域——放射化学方面的工作而于 1908 年获得了诺贝尔化学奖（尽管他是一位物理学家）。

在这一发现之后，许多科学家开始专注于 β 粒子（β 粒子是电子）的研究，因为它具有穿透力。1940 年卢瑟福的传记作者指出，大众对粒子辐射的兴趣与其穿透力成正比，因此对于低能量的 α 粒子关注较少。α 粒子一旦从放射性核中释放出来，在空气中只能行进 2~3 厘米就会停下来。当粒子从放射性原子核（在这种情况下是铀）中喷射出来时，它会离子化路径上的所有物质，从其他物质中剥离电子，直到最终停下来。一张纸就足以阻止 α 粒子。然而，卢瑟福关注这个粒子，并不是因为它的特殊性质，而是为了理解它从中被排出的原子的本质。他对 α 粒子的研究奠定了我们对原子固有观念的改变。

1900—1903 年，卢瑟福和英国化学家弗雷德里克·索迪（Frederick Soddy, 1877—1956 年）发现放射性是由放射性不稳定原子的自发分解引起的。也就是说，放射性元素的原子在发射粒子和释放能量（热量）的过程中，会真正地转化为另一个更轻的元素。换句话说，炼金术终于成为现实。

卢瑟福注意到在与铀或钍的辐射物质一起工作时，氦总是存在的。起初，他认为氦是元素转化的最终产物，因为它一直存在。经过广泛研究，卢瑟福开始相信，带正电荷的 α 粒子实际上是氦原子的核心。α 粒子的质量与氦基本相同。进一步的研究涉及从氦中收集 α 粒子的玻璃，显示出随着 α 粒子的积累，氦光谱最终会出现。在他 1908 年的诺贝尔奖颁奖演讲中，做了题为《放射性物质中 α 粒子的化学性质》报告，当时 37 岁的卢瑟福在演讲结束时说道：

> 考虑到这些证据，我们得出结论，α 粒子是一个被发射出来的氦原子，它在飞行过程中具有或以某种方式获得了两个单位的正电荷。一个单原子气体如氦原子携带双重电荷，这有些出人意料。然而，不能忽视的是，α 粒子由于强烈的原子爆炸而高速释放出来，并穿过其路径上的物质分子。这种条件异常有利于从原子系统中释放松散连接的电子。如果 α 粒子能够通过这种方式失去两个电子，那么双重正电荷就可以解释了。

1909 年，在卢瑟福的指导下，德国物理学家汉斯·盖格（Hans Geiger, 1882—1945 年）和英国—新西兰物理学家欧内斯特·马斯登（Ernest Marsden,

1889—1970年）通过著名的金箔实验[1]发现，α粒子可以被偏转回它们发射的方向。尽管对于非科学家来说，这可能看起来是一个不寻常且毫无意义的发现，但它是一个具有重大意义的发现。在这个发现之前，普遍认可的原子模型被称为"李子布丁模型"（由英国物理学家约瑟夫·约翰"J.J."汤姆森创造），其中整个原子由一个正电荷组成，内部容纳着带负电荷的电子，就像馅饼中的李子一样。根据这个原子模型，任何聚焦在原子上的α粒子应该很容易穿过，几乎没有偏转。这正是卢瑟福所预期的。

α粒子能够被"偏转"回来这一事实，盖格解释说："这是我经历过的最不可思议的事件。这几乎就像你向一张薄纸发射一颗直径15英寸[2]的炮弹，然后它回来击中你一样不可思议。"这一现象意味着当一个α粒子穿过物质（在这种情况下是金箔）时，一些粒子直接击中了金原子的"核心"，并通过排斥力被抛回原来的方向。那些被轻微偏转的粒子足够靠近核心，以至于排斥力使其轨迹发生偏斜。

这些发现使得卢瑟福在1911年提出了一个被称为卢瑟福原子的新模型。因为一些α粒子（大约每8000个中的1个）会完全被偏转回源头，所以原子中心必须有一个紧凑的正电荷团块。换句话说，一个被紧密包裹的正电荷"核心"，足以将α粒子反向抛回。在铅布丁模型中，正电荷被认为是如此分散，以至于α粒子能够轻易地无影响地穿过。卢瑟福确信原子由一个微小的原子核组成，原子核包含了大部分的质量，并被一团带负电的电子云所包围，这些电子在原子核周围轨道运动。为了正确看待事物，一个原子的半径大约是原子核半径的20000倍。1911年3月7日，卢瑟福做了题为《α射线和β射线的散射及原子结构》的报告。卢瑟福在报告中写道：

> 众所周知，α粒子和β粒子在与物质的原子相遇时会偏离它们的直线路径。似乎毫无疑问，这些迅速移动的粒子实际上穿过了原子系统，观察到的偏转应该能够揭示原子的电结构。盖格和马斯登发现，入射到一层薄金箔上的α粒子中的一小部分会发生超过90度的偏转。看起来可以确定，这些α粒子的大偏转是由单个原子的相互碰撞引起的。简单的计算表明，为了在单次碰撞中产生如此大的偏转，原子必须具有强烈的电场。综合考虑所有证据，最简单的假设是原子包含一个分布在非常小体积内的中心电荷。在将本文中概述的理论与实验结果进行比较时，假设原子由一个集中在一个点上的中心电荷组成。

---

[1] 也被称为盖格–马斯登实验。金箔实验的详细展示可以查阅：http://www.mhhe.com/physsci/chemistry/essentialchemistry/flash/ruther14.swf。

[2] 1英寸=25.4毫米。

第3章 发现的基础

因此，今天对原子结构的理解是通过对氦核进行实验得出的。此外，由于重型天然元素铀和钍的放射性衰变，人们清楚地知道氦是在地球上"产生"的。这些重元素虽然有些罕见，但却是我们今天在各种应用中看到的氦气的唯一来源。第4章将讨论氦是如何以及为什么在地球上产生的，以及它如何在储层中积累以供开采。

参考文献

Bally, E.C.C. Spectroscopy, 3rd edn., vol. I. Longmans, Green & Co., Harlow (1924)

Clarke, F.W. Biographical Memoir of William Francis Hillebrand, pp. 54–63. National Academy of Sciences, Washington, DC (1928)

Draper, J.W. Science in America. In: Draper, J.W. (ed.), John F. Trow & Son, New York (1876)

Harrow, B., Ramsay, W.M. The scientific monthly, 9 (2), pp. 167–178 (1919)

Herschel, J. Account of the solar eclipse of 1868, as seen at Jamkandi in Bombay Presidency. Proc. Roy. Soc. Lond. 17, 104–125 (1868)

Jackson, M.W. Spectrum of Belief, Joseph Von Fraunhofer and the Craft of Precision Optics. MIT Press, Cambridge (2000)

Janssen, M. Astronomie Physique—Indication de quelques-uns des résultats obtenus à Cocanada, pendant l'éclipse du mois d'août dernier, et à la suite de cette eclipse. C. Rendes 67, 838–841 (1868)

Kirchhoff, G., Bunsen, R. Chemical analysis by observation of spectra. Annalen der Physik und der Chemie (Poggendorff) 110, 161–189 (1860)

L'Annunziata, M.F. Radioactivity: Introduction and History. Elsevier, Amsterdam (2007)

Lockyer, J.N. Spectroscopic observations of the sun. Proc. Roy. Soc. Lond. 15, 256–258 (1866)

Lockyer, J.N. Notice of an observation of the spectrum of a solar prominence. Proc. Roy. Soc. Lond. 17, 91–92 (1868a)

Lockyer, J.N. Spectroscopic observations of the Sun—No Ⅱ. Philos. Trans. Roy. Soc. Lond. 159, 425–446 (1868b)

Lockyer, J.N. Spectroscopic observations of the Sun—no Ⅲ. Proc. Roy. Soc. Lond. 17, 350–355（1869a）

Lockyer, J.N. The mediterranean eclipse, 1870. Nature 3, 221–224（1871）

Lockyer, J.N. The Spectroscope and its Applications. Macmillan & Company, London（1873）

Lockyer, J.N. Contributions to Solar Physics. Macmillan & Company, London（1874）

Lockyer, J.N. The story of helium: prologue. Nature 53（1371）, 319–322（1896a）

Ramsay, W. On a gas showing the spectrum of Helium, the reputed cause of D3, one of the lines in the coronal spectrum, preliminary note. Proc. Roy. Soc. Lond. 58, 65–67（1895c）

Rayet, M.G. Astronomie—Analyse spectrale des protuberances observes, pendant l'éclipse totale de Soleil visible le 18 août 1868. C. Rendes 67, 757–759（1868）

Secchi, P. Protubérances rouges. C.Rendes 67, 937–938（1868b）

Stokes, H.N. Helium and Argon. Science 2（43）, 533–539（1895）

Tilden, W.A. Sir William Ramsay. Macmillan & Company, London（1918）

Todd, D.P. The Sun. Science 2（28）, 34（1895）

Zirker, J.B. Total eclipses of the Sun. Science 210（4476）, 1313–1319（1980）

扩展阅读

Crookes, W. The spectrum of Helium. Astrophys. J. 2, 227–234（1895）

Crookes, W. On a new constituent of atmospheric air. Proc. Roy. Soc. Lond. 63, 408–412（1898）

Faye, M. Astronomie—Note sur un télégramme et sur une Lettre de M. Janssen. C. Rendes 68, 112–114（1869）

Feather, N. Lord Rutherford. Russak & Co., Crane（1973）

Fraunhofer, J.V. Prismatic and Diffraction Spectra. In: Ames, J.S.（ed.）. Harper & Brothers, New York（1898）

Gleick, J., Isaac Newton, Vintage,（2004）

Haig, C.T. Account of spectroscopic observations of the eclipse of the Sun August 18, 1868.
Proc. Roy. Soc. Lond. 17, 74–80（1868）

Herschel, J. Spectroscopic observations of the Sun. Proc. Roy. Soc. Lond. 17, 506–510 (1869)

Janssen, M. Astronomie Physique—Sur l'etude spectrale des protuberances solaires. C. Rendes 68, 93–95 (1869a)

Janssen, M. Astronomie—Sur une atmosphere incandescente qui entoure la photosphere solaire. C. Rendes 68, 320–321 (1869b)

Janssen, M. Astronomie—Résumé des notions acquises sur la constitution du Soleil, C. Rendes 68, pp. 245, 312–314, 367–376 (1869c)

Janssen, M. On the solar protuberances of the sun. No II, Proc. Roy. Soc. Lond. 17, 276–277 (1869d)

Lockyer, J.N. Spectroscopic observations of the Sun—No II. Proc. Roy. Soc. Lond. 17, 131–132 (1868c)

Lockyer, J.N. On the total eclipse of September 9, 1885. Proc. Roy. Soc. Lond. 39, 211–213 (1885)

Lockyer, J.N. Nature 37, 82 (1887)

Lockyer, J.N. Nature 47, 31 (1889)

Lockyer, J.N. On the new gas obtained from uraninite, preliminary note. Proc. Roy. Soc. Lond. 58, 67–70 (1895a)

Lockyer, J.N. Terrestrial helium. Nature 52 (1331), 7–8 (1895b)

Lockyer, J.N. On the new gas obtained from uraninite, second note. Proc. Roy. Soc. Lond. 58, 13–116 (1895c)

Lockyer, J.N. Terrestrial helium. Nature 52 (1333), 55–57 (1895d)

Lockyer, J.N. Reply to some remarks of father Secchi on the recent solar discoveries, Philosophical Magazine, pp. 1–4 (1870)

Lockyer, J.N. Spectroscopic observations of the sun—no IV. Proc. Roy. Soc. Lond. 17, 415–418 (1869b)

Lockyer, J.N. The story of helium: chapter II. Nature 53 (1372), 342–346 (1896b)

Meadows, A.J. Science and Controversy—A Biography of Sir Norman Lockyer. MIT Press, Cambridge (1992)

Newton, I. Opticks: or, a treatise of the reflections, refractions, inflections, and colors of light, 1704

Pohle, J. Angelo Secchi, The Catholic Encyclopedia, vol. 13. Encyclopedia Press (1913)

Potter, J.D. Preliminary note of researches on gaseous spectra in relation to the physical constitution of the Sun. Astron. Reg. 7–8, 194–196（1870）

Ramsay, W. Helium, a gaseous constituent of certain minerals, Part I. Proc. Roy. Soc. Lond. 58, 81–89（1895a）

Ramsay, W. Argon and Helium in meteoric iron. Nature 52（1340）, 224–225（1895b）

Ramsay W（1897）An undiscovered gas. Science 6（144）: 493–502

Ramsay, W. On a new constituent of atmospheric air. Science 8（183）, 1–3（1898）

Ramsay, W. The recently discovered gases and their relation to the periodic law. Science 9（217）, 273–280（1899）

Ramsay, W. A determination of the amounts of neon and helium in atmospheric airProc. Roy. Soc. Lond. 76, 111–114（1905）

Ramsay, W. Travers, M.W. On a new constituent of Atmospheric Air. Proc. Roy. Soc. Lond. 63, 405–407（1898a）

Ramsay, W. Travers, M.W. Helium in the atmosphere. Nature 58（1510）, 545（1898b）

Ramsay, W. Travers, M.W. Argon and its companions. Proc. Roy. Soc. Lond. 67, 329–333（1900）

Rayet, M.G. Monthly Notices of the Royal Astronomical Society. vol. XXIX, Strangeways & Walden, London（1869）

Rayleigh, L. On the amount of Argon and Helium contained in the gas from Bath Springs. Proc. Roy. Soc. Lond. 60, 56–57（1896）

Rayleigh, L. Newton as an experimenter. Proc. Roy. Soc. Lond. 131（864）, 224–230（1943）

Remsen, I. Argon. Science 1（12）, 309–311（1895）

Rutherford, E. Radioactive Substances and their Radiations. Cambridge University Press, Cambridge（1913）

Rutherford, E. Radioactive Transformations. Charles Scribner's Sons, New York（1906）

Secchi, P. Astronomie–Sur quelques particularities du spectre des protuberances solaires. C. Rendes 67, 1123–1124（1868a）

Secchi, P. Astronomie–Remarques sur la relation entre les protuberances et les taches solaires. C. Rendes 68, 237–238（1869a）

Secchi, P. Astronomie–Nouvelles observations spectrales sur l'atmosphére et les protuberances solaires. C. Rendes 68, 1243–1246（1869b）

Staff Writer. Forms of solar protuberances. Nature pp. 293–295（1872）

Staff Writer. Radium and helium. Science 18（449），186–187（1903）

Stewart, A. About Helium, Information Circular 6745. United States Bureau of Mines（1933）

Thomson, W. Inaugural address of sir William Thomson, LL.D., F.R.S., President. Nature 3, 262–270（1871）

Thomson, W. Nature Series, Popular Lectures and Addresses, Vol Ⅱ. Macmillan & Company, London（1894）

第 4 章

地球上的氦

追溯恒星

由第 3 章可知,地球上的氦(更确切地说,氦原子的核或 α 粒子)是由铀和钍的放射性衰变产生的,可以在含有这些重元素的矿物质中找到。那铀和钍是从哪里来的?我们可以在地球的哪里找到它?这些问题的答案将我们带回到宇宙,继续讨论恒星,然后是地球的形成。

我们在第 2 章中了解了宇宙中大多数恒星的命运。也就是说,尽管太阳在质量(大小)方面被认为是非常平均的,但大多数恒星在它们漫长的寿命之后就会逐渐消失。只有在非常罕见的情况下,大质量恒星才会经历超新星爆炸,这在第 2 章的末尾已经简单地提到过。大多数恒星通过聚变产生的元素在恒星核产生铁后就停止了。有很多不同类型的恒星在大小和质量上都有不同的讨论,但鉴于我们的目的,我们将集中在非常罕见的超新星事件,这是在元素周期表中超过铁的所有自然元素形成机制。铀和钍是由大质量恒星巨大爆炸(也就是超新星)产生的。

什么是超新星,铀和钍是如何产生的? 相对而言,超大质量恒星的寿命比太阳短得多。这在逻辑上是有道理的,因为较大的恒星需要燃烧更多的燃料才能维持其巨大的体积。例如,一个工业高炉,必须用比家庭壁炉更多的燃料来维持正常运转。然而,由于它们更大的体型,它们有更多的质量来压缩恒星核,以燃烧之前聚变过程中产生的每个连续元素。例如,在一颗大质量恒星中,在核心的氢聚变为氦之后,仍然有足够的质量来压缩核,使温度上升,从而开始氦的聚变。在氦燃料耗尽后,额外的质量允许核心收缩从而开始碳的聚变,如此循环下去。在非常大的恒星中,这个过程可以一直持续到铁。

当大质量恒星燃烧完氢之后的每个后续产物时,恒星核部就充满了最后剩下的产物铁(和不稳定的镍)。铁是元素周期表中最稳定的元素,其原子核非常致密。正因为如此,无论恒星有多大,都没有足够的能量来将铁聚变成更重的元素。因此,大质量恒星的核部充满铁时,聚变实际上停止了。

然而,这并不是大质量恒星的终点。当核反应由于铁无法聚变而停止时,它就失去了通过聚变产生能量的主要基础,从而使引力变得非常强。下面以太阳为例来说明引力向内的作用。太阳处于流体静力平衡状态。也就是说,引力的向内拉力与太阳核的能量所产生的压力大小完全相同。这就是为什么太阳既不会爆炸也不会坍缩。因此,当一颗大质量恒星核心的聚变停止时,便失去了地核能量产生的对外的力,所以恒星实际上会内爆。

随着引力将大质量恒星向内拉，核心温度上升到大约 100 亿开尔文（仍然没有高到足以聚变铁），核心中的铁开始分裂成更轻的核（更轻的核分裂成更小的核），因为它们受到高能光子的轰击。之后，剩下的就是质子和中子的基本产物。这个过程被称为光衰变，它吸收了核的大部分能量，使其温度降低。在这一点上，核变得更加不稳定，因为它的温度更低，内爆过程急剧加速。

虽然在内爆过程中还有其他步骤超出了本书的范围，但最终的结果是一个快速内爆的恒星，其核心只充满了中子，这些中子非常致密，并处于巨大的压力下。这些中子的密度阻止了内爆过程，因为它们对内向坍塌施加一个向外的压力。然而，内爆的迅速停止还不是结束。在停滞阶段，核远远超过了平衡点，导致核反弹，产生大量冲击波。冲击波以极高的速度完全穿过恒星的外层，将恒星炸得粉碎，这在宇宙领域是前所未有的。超新星爆炸产生的光相当于一个包含了数千亿颗恒星的星系发出的光。

在超新星爆炸后的瞬间，产生了最重的元素。中子俘获是一种裂变过程，特别是 s- 过程（s 即慢速），它创造了所有的元素直到铋（特别是同位素铋 -209）。由于 s- 过程的速度较慢，许多同位素在另一个可用中子进入之前就衰变了。这个过程在衰变到铋时停止，因为中子轰击的速率太慢，跟不上铋之后更快衰变的同位素。

铋以外的较重元素也是由中子捕获产生的，但这一次它们是通过 r- 过程（r 即快速）产生的。在超新星爆炸后不可预测的恶劣条件下，中子都以极高的速度轰击原子核。它们轰击这些原子核的速度非常快，以至于受影响的同位素在吸收另一个中子之前没有时间衰变。最终，这些非常重的同位素会衰变，这就是铋之后所有元素的起源。值得注意的是，由于超新星爆炸是一种极其罕见的事件，在 r- 过程中产生的元素（同位素）也很罕见。

地球上最常见的元素（按顺序）是铁、氧、硅、镁、硫、镍、钙和铝。这些元素构成了地球近 99% 的面积。有趣的是，这些元素在宇宙中很常见，因为它们是有规律地在恒星的聚变过程中产生的。在元素周期表中，这些元素都在铁之前。而从铁开始到铋之间的元素要少见得多，因为它们只是在数量较少的大质量恒星中形成。最后，从铋开始到铀之间的元素更稀有，因为它们诞生于超新星爆炸这一罕见事件。超新星爆炸将所有这些新的元素传播到太空中，在一些地方可以找到这些元素，例如与太阳系相似的地方。

总结一下，除了氢，直到铁的所有元素都是由聚变产生的。铁之后的所有元素都是通过裂变产生的。回想一下，核聚变是两个原子核的结合，而裂变是原子核分裂成更小的部分。这里应该指出的是，太阳（一个中等大小的恒星）将在产生氧气后不复存在。它永远不会变成超新星，也不会达到那些更大的恒星中存在的铁燃烧阶段。

回到地球

既然已经知道了所有元素的来源和形成方式，现在就可以开始我们的主题——地球上氦的生成。然而，首先，重要的是要了解铀和钍的存在方式和原因，以及氦为什么能够被利用。

太阳系大约有 46 亿年的历史，众所周知，太阳的年龄也差不多是这么大。地球是由原始太阳星云的碎片和尘埃形成的，它围绕着年轻的太阳旋转。类地行星是离太阳最近的四个行星（水星、金星、地球和火星）。较大的类木行星（木星、土星、天王星和海王星）没有坚硬的表面，完全由气体组成。太阳系中的所有行星（以及围绕其他恒星旋转的其他行星）都是由气体和尘埃碎片形成的，这些碎片主要由氢和氦组成，但也有少量较重的元素。随着时间的推移，气体和尘埃碎片在围绕太阳旋转和运行时，通过重力聚集成星团。这些星团继续形成更小的星体，随着时间的推移，最终合并形成更大的行星。地球也没有什么不同，因为它是由宇宙尘埃、陨石等形成的，它们刚好离地球足够近，能够被引力吸引落在地表。较重的物质更靠近太阳系的中心，而较轻的气体则被拉得更远，这就是"岩质"行星靠近太阳，而气体行星在岩质行星之外的原因。

在没有深入研究增生过程的情况下，地球上的增生最终导致了地球分层的形成。也就是说，如果把地球切成两半，在地心会有一个固体内核，主要由重铁和镍组成，这在宇宙中相对丰富。这个内核被一个液态的外核包围着，外核也含有铁和镍，但也含有一种较轻的元素，如氧或硫，它很容易与铁和镍反应[1]。当地球在其轨道上旋转时，液体的外核也会旋转，并通过电磁效应形成地球磁场。这个磁场在地球上极其重要，因为它阻止恒星粒子进入大气层，如果暴露在外，对地球上的动物生命将是致命的。围绕着液体外核的是地幔，地幔可以进一步分为上地幔和下地幔。地幔的组成将在稍后讨论，但它以韧性固体的形式存在，是板块构造背后的驱动力。地幔周围是一个非常小的脆弱的外壳，叫作地壳，生命在那里孕育。在地球早期炽热的岩浆时期，密度大的金属沉入地心，而密度小的元素则漂浮在地表。

地幔大约有 3000 千米厚，占行星体积的 80%。地幔的组成与下面的地核有很大的不同，因为它主要是由极其致密的"岩石"组成，主要由氧（约 45%）、镁

---

[1] 地核太热，没有磁场。所有的磁性材料在受热时都失去磁性。地球的磁性是液态金属运动产生"发电机"的结果。

（约23%）和硅（21.5%）质矿物组成。在地球的吸积（致密天体由引力俘获周围物质的过程）和地壳形成之前，地球是一个非常炎热和不适宜居住的地方，地表环境以岩浆海为代表。这种情况下产生的热量主要来自两个主要因素，即吸积过程中形成的热量（物质对地球的冲击产生巨大的热量，这些热量仍被保留在地核和地幔中）和放射性元素（如铀、钍和钾的存在）。

在早期的地球上，放射性元素虽然与较轻的元素相比数量较少，但却足以产生巨大的热量。此外，46亿年前，地球存在的重放射性元素存量是今天的两倍。例如，铀-238（最丰富的铀同位素）的半衰期为45亿年（与地球本身的年龄大致相同）。这意味着在45亿年之后，自地球诞生以来存在的铀中有一半衰变为轻元素，同时伴随其衰变会产生大量热量。稍后将更多地讨论放射性热。

然而，随着地球开始冷却，地幔物质形成了地壳。这个地壳的密度远小于下面的地幔，因此它基本上可以"漂浮"。地壳的主要成分是硅、铝和含氧矿物，它们构成了花岗岩。当然，花岗岩可以由多种矿物组成，但为了命名主要由二氧化硅（在上地壳中约占66%）和氧化铝（在上地壳中约占15%）组成的基岩（基岩指沉积岩之下的岩石），将其称为花岗岩。这种花岗岩构成了地球一层非常薄的表面（很像洋葱的表层，薄而干燥的一层），只占地球总质量的0.6%。地球上所有的沉积物都在这块岩石上。用地质学术语来说，这可以称为基底岩石。

地壳可以进一步分为上地壳和下地壳，或者可以进一步分为洋壳和陆壳。洋壳是新近形成的幔源壳，洋中脊的扩张是由来自地幔的熔融物质形成新壳的证据。在研究氦的同位素氦-3时，洋壳和洋中脊是极其重要的，但对于正常的氦生产来说，它不是氦-4的工业来源。另外，大陆地壳是一种古老得多的物质，它孕育着人们日常生活中所使用的元素和矿物质。地壳（特别是上地壳）富含放射性元素铀、钍和钾，这些元素在地核产生的热量之外产生了地球上的大部分热量。

氦的生成

铀、钍和钾像许多其他重元素一样，是高度不相容的，因此非常容易流动。也就是说，它们更喜欢在更稳定的环境中形成化合物。特别是铀和钍，被归类为"亲石"[1]两种元素，这意味着它们与地壳中更常见的硅酸盐和氧有亲和力，在发

---

[1] "亲石"这个名字是维克多·戈德施密特（Victor Goldschmidt，1888—1947年）在20世纪30年代创造的。该词的字面意思是"热爱岩石"。因此，亲石元素通常存在于岩石地壳中，而不是富铁的地幔和地核中。

现这些主要存在于地壳中的伴生元素之前，它们实际上将保持流动性。由于地壳富含硅和氧，铀和钍"想"分离出地幔，并附着在地壳物质上，因为它们在地幔对流或火山活动中向上循环。在铀和钍从地幔分离到地壳之后，化学成分接管了这些元素的位置，使得这些元素可以保持足够的流动性，直到它们找到可以结合的硅和氧原子。随着铀和钍进入地壳，由于铀和钍原子的运输，一些地区有机会比其他地区变得更富含这些元素。例如，深层地下水可以提供一种流动性来源，并允许特定地区的铀浓度超过其他地区。在地球的历史中，地幔的挥发性元素（如铀和钍）大量减少，随后的地质过程使这些元素（以化合物形式）富集在地壳上部。

铀、钍和钾在地壳中的重要性不必多强调。这些元素（特别是同位素：铀-238、铀-235、钍-232 和钾-40）是地球地壳热量的主要来源。在这些同位素中，铀-238 是主要的热源，因为它的相对丰度较高，而钍-232 紧随其后。铀-235 是一种稀有的同位素，但它是用于核弹头和反应堆裂变的同位素。铀和钍的同位素都是通过 α 衰变的过程衰变的，每个同位素最终都会在衰变链的末端变成一个稳定的铅同位素。正是这个衰变过程产生和积累了地球上所有的氦。钾-40 衰变也是地壳热量的主要来源，它通过 β 衰变过程衰变，这种衰变产生的热量远小于 α 衰变。然而，钾在地壳中是第七丰富的元素，由于这种高丰度，它也是热量的重要来源。另外，铀和钍的浓度仅在百万分之一范围。钍的元素丰度在地壳中排名第 39 位，而铀是第 51 位（图 4.1）。

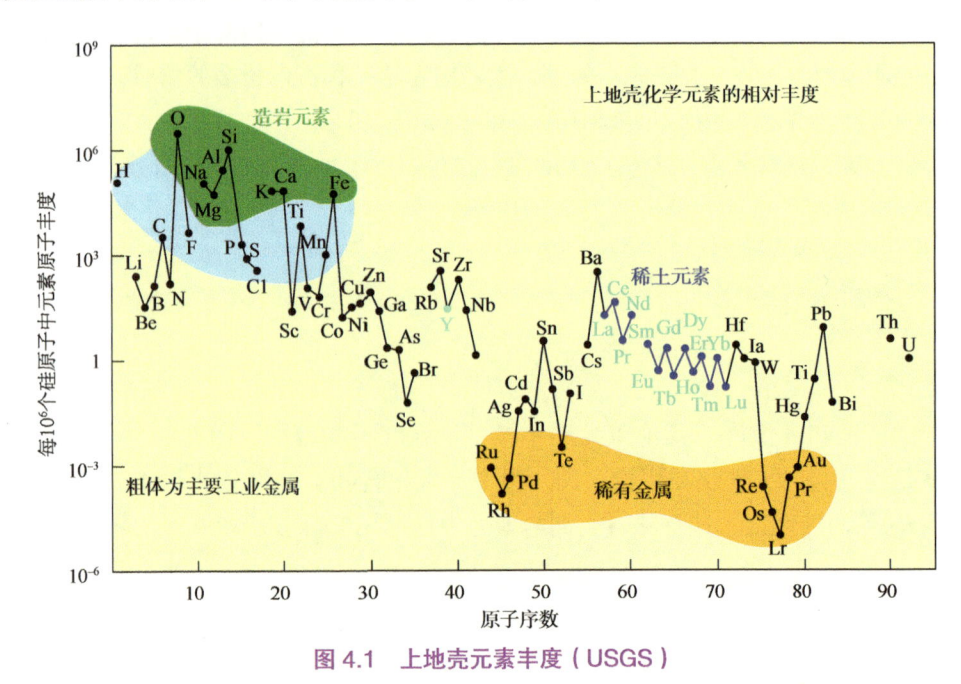

图 4.1 上地壳元素丰度（USGS）

一般的经验法则是，放射性同位素（铀、钍和钾）的浓度随深度呈指数下降。也就是说，它们在地壳上部比在地壳下部要丰富得多。如前所述，它们在地壳上部的丰度主要是由于它们与二氧化硅和富氧矿物之间存在的亲和力，在这些矿物中，这些同位素受到化学吸引。它在地壳上部的浓度非常重要，否则我们所知的氦储量就会少得多。

如上所述，这些放射性同位素的存在产生了地球的大部分热量。以铀和钍的同位素为例，当这些同位素衰变时，一个 α 粒子（两个质子和两个中子）从母体的原子核中放射出来。α 粒子，也就是氦原子的原子核，就原子粒子而言，是一个非常大的粒子。大多数亚原子粒子非常小，但也有一些以电磁辐射（如 γ 射线辐射）的形式产生更多的能量。当然，还有更多的粒子，但从铀和钍的同位素中提取的粒子是目前为止最大的。当一个这样大小的粒子从母核喷射出来时，热是由投射的大粒子的动能和母核的反冲产生的。正是这些热量，加上裂变反应本身产生的热量❶，构成了地球产生热量的很大一部分。

在产生热量的铀和钍衰变周期中，许多 α 粒子（氦核）在母核的长半衰期和其子同位素的短半衰期期间被排出。当一个 α 粒子从其母体的原子核中被抛出时，它会快速移动，并电离其路径上的所有东西，直到它减速，获得两个自由电子，形成一个氦原子。粒子在空气中移动的距离只有 1~2 厘米，这就是它们对地球上的生命相对无害的原因。其他粒子，如 β 射线和 γ 射线，由于其穿透率，会造成健康问题，而 α 粒子可以被一张薄纸阻止。

在地球 46 亿年的历史中，这种放射性衰变循环产生了氦。在地壳形成之前，产生的大部分氦能够逃逸到早期的大气中，并最终进入太空（氦足够轻，可以逃脱地球的引力）。然而，当地壳开始由地幔物质形成时，产生的一些氦被埋藏在花岗岩晶格中而无法逃逸。尽管许多氦能够通过裂缝逃逸到大气中，但更多的氦产生后留在地壳中，而不是被排出。有趣的是，大气中存在的氦气完全是因为氦气可以通过沉积岩、土壤逃逸到空气中。人们呼吸的空气中，虽然只有 0.0006% 的氦气，但却有巨大的氦气储量，但其浓度太小，不足以保证工业开采（开采这种氦气所需要的能量非常大）。

今天使用的所有氦，从核磁共振仪器到玩具气球，都来自铀和钍同位素的放射性衰变。自地球形成以来，每个同位素的衰变周期都在产生氦，并将继续产生，直到耗尽。当铀和钍的半衰期耗尽时，地球上一个重要的热源将不复存在，导致地球发生巨大变化。幸运的是，这些同位素的半衰期很长，我们还有几十亿年的时间来研究。

---

❶ 当质量失去时，能量被释放。

尽管单一钍或铀同位素产生氦的速率相当小，但在几十亿年的过程中，由于地壳中这些同位素的相对丰度，氦的产生变得非常重要。相对而言，铀和钍本身的放射性都"不高"。也就是说，尽管它们具有放射性且不稳定，但它们极长的半衰期使它们的放射性比镭低得多，而镭的半衰期要短得多，因此对健康极其有害。例如，玛丽·居里对镭的研究和暴露使其患上了白血病，并在1920年夺走了生命。最常见的镭同位素镭-226的半衰期为1601年。

正是由于铀和钍的半衰期很长，才导致氦积聚在特定的储层中，以便封存。迈克·雷默（Mike Reimer）（前美国地质勘探局成员）描述了从这些同位素中产生氦的一个很好的例子：

> 一克铀每秒会产生大约10万个氦-4原子，一克钍每秒会产生大约2.5万个氦原子。对地壳和地幔产生的氦的计算表明，每年产生$1125×10^{30}$个原子，但每年只有$7×10^{30}$个原子逃离地球。产生的比损失的多；事实上，大气中氦的总含量只需要200万年就能产生。然而，所有地壳和地幔的氦-4在形成时并没有逸散到大气中。它被困在晶格和地球内部的孔隙中。这意味着地球中存在过量的氦-4，即大气浓度与氦-4逃逸到空间的速率和氦-4从地壳和地幔的通量处于平衡状态。在近地表的氦-4富集带，有些天然气田的氦-4含量非常高，它们是氦工业化生产的来源。

需要说明的是，地球正在产生大量的氦，有些氦自地壳形成以来就在某些储层中积累。

氦的迁移与聚集

如前所述，氦的生成已经在地球的大陆地壳中进行了数十亿年，并一直持续到今天。上地壳富含许多不相容的元素，如铀和钍，化学物质为这些矿物在上地壳的稳定保留提供了方法。铀和钍都存在于地球上每个大陆的基岩（和沉积岩）中，自大陆板块形成以来，它们一直在产生氦。于是，一个合理的问题出现了：因为氦是在地球上的地壳物质中产生的，为什么地球上只有少数几个地方的氦相对丰富，值得开采？

氦的生成在地壳岩石中随处可见，但氦气田往往被发现在铀或钍在地壳中稍微富集的地区，或者有更好的条件使放射生成的α粒子更易进入沉积岩的地区。

然而，任何氦的聚集都需要两个以上的地质步骤。如果这些步骤中有一个没有发生，那么氦气就不会聚集在天然的储层中，从而最终被提取出来。

产生的大部分氦储存在花岗岩中，而花岗岩正是氦的来源。许多花岗岩的晶格非常紧密，甚至连一个氦原子都无法逃逸，因此地球深处留下了大量的氦。然而，大部分氦存在于铀和钍所在的大陆地壳上部。为了使大量的氦能够逃逸，它必须从形成它的花岗岩中被放出。断裂或断层会导致氦原子从被困的地方释放出来。例如，在 2014 年的黄石国家公园（美国怀俄明州），当时发现大量的氦从间歇泉中渗出，每周这些氦的释放量足够装满一艘古德伊尔飞艇。造成这一现象的原因是地壳的扰动，使得大量先前被捕获的氦得以释放。

当氦产生时，α 粒子在被放射时，可以通过放射粒子产生的动能和母核的反冲产生一个微裂缝（裂纹）。实际上，这可以开始形成一个区域，让更多的氦原子驻留并被保存。然而，导致氦被释放到浅层的沉积岩中的主要原因是深层的基底断层，在那里，脆性的花岗岩断裂，导致大量的氦原子逸出，为氦的工业矿藏的形成创造了条件。

许多地质事件都可能造成如此深的断层，但根本原因是板块运动。板块运动通过挤压和收缩使基底和沉积岩发生扭曲。这些地质事件在沉积岩中形成地层圈闭和构造圈闭，适合储存油气资源。许多这样的地质事件只表现为沉积特征，然而，一些沉积特征指示了深层的断层或隆起，它们在基底岩层中形成了非常深且广泛的断层。

在美国，氦含量高的地区与深层基底活动的地区非常接近。例如，堪萨斯中部隆起是一个深层的基底隆起，它产生了足够的裂缝，以至于大量的氦能够从深层的花岗岩中被排出。该地区氦含量最高的区域位于离断层面最近的区域，氦含量随着离断层距离的增加而减小。

A.P. 皮尔斯（A.P. Pierce）、G.B. 斯科特（G.B. Scott）和 J.W. 米顿（J.W. Mytton）在 1964 年出版的《得克萨斯狭长气田及其邻近地区的铀和氦》一书中提供了一个与深断层有关的高氦百分比的最好例子。在这篇文章中，作者绘制了从阿马里洛—威奇托（Amarillo-Wichita）隆起（位于得克萨斯州阿马里洛北部克利夫赛德气田氦储存设施附近）开始并沿西南西（WSW）—东北东（ENE）方向穿过该断层的气流中氦百分比的横截面（图 4.2）。很明显，在深断层顶部的氦浓度更高，随着远离这个断层，氦浓度逐渐变小。这提供了最令人信服的证据，表明氦的浓度与基底深部断裂有关，在那里氦能够逃逸并被捕获。有趣的是，在该研究中，氦和高氦浓度之间的相关性揭示了一个明显的趋势，这一点将在后面解释。

另一个例子是新墨西哥州、亚利桑那州、犹他州和科罗拉多州的四角地区，那里存在着非常高的氦浓度。这个地区曾经是一个非常活跃的火山地区，连接了地幔与地壳。该地区的火山活动在基岩深处形成了岩脉和岩床，形成了张性和热性裂缝，这为氦进入上覆沉积物提供了另一个通道。地幔向地壳中释放的热量过多，使得大量的氦气被排出到上面的沉积物中。除了火山地区外，氦浓度最高的地方位于迪法恩斯隆起（Defiance Uplift）附近。M. 戴恩·皮卡德（M. Dane Picard）在 1964 年的一项研究中强调了这种高氦含量最接近断裂。这一抬升与火山活动相结合，可能使得更多的氦从基底中流出，从而导致氦的浓度更高。

当然，这些只是引起氦运移的地质事件的几个例子，但关键的概念是，由深部隆起/火山活动引起的深部断裂是氦从其深部圈闭中释放出来的主要原因。像这样的地质事件在世界各地都有发生，很可能大量的氦已经被从地壳上层喷射到沉积物中。然而，在氦元素积聚之前，还必须发生一个地质事件，即圈闭构造的形成。

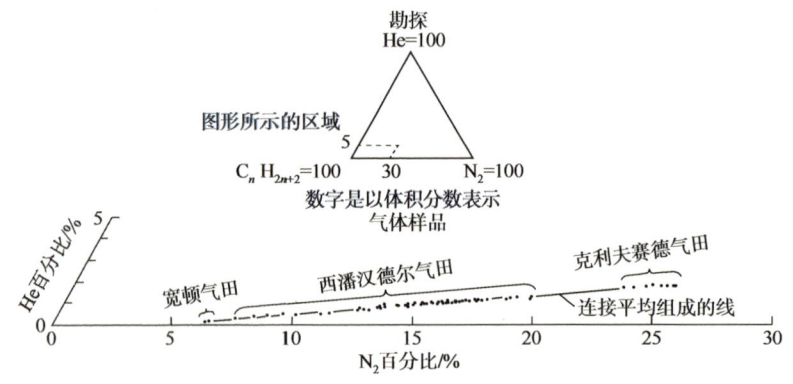

图 4.2　潘汉德尔、克利夫赛德和宽顿气田天然气样本中氦、氮和碳氢化合物的百分比曲线图

一个足够强大的地质圈闭或密封能够储存氦是相当罕见的，这也是世界上只有特定的地区能够聚集氦的主要原因。氦原子非常小（直径 0.02 纳米），能够逃离最小的孔隙空间，这使它成为泄漏检测的理想气体。由于氦具有极强的流动性和较小的体积，所有的岩石都有一定的孔隙空间，因此不容易被困在沉积岩中。然而，有些岩石，如硬石膏/盐和致密页岩，有时非常紧密和不透水，以至于氦可以与其他气体聚集在下层地层中。正是由于这种类型的圈闭相当罕见，氦才没有在世界所有地方都以较高的浓度（即氦气在整个气体组成中所占的百分比）存在。这并不是说地球上没有更大的氦气储层了，当然还有。然而，它们至今尚未被发现的原因是它们还没有被钻探。事实上，美国（盛产氦的主要国家）几乎所有的富氦资源都是在寻找碳氢化合物（石油/天然气）时偶然发现的。

任何具有经济意义的氦矿床都必须存在氦的生成、运移和圈闭。然而，当考虑到世界各地不同的氦浓度时，又产生了另一个问题。例如，为什么美国四角地区的天然气中大约有 8% 的氦气，而怀俄明州的天然气中只有 0.6% 的氦气？为什么在卡塔尔生产的天然气中，氦的含量约为 0.2%，而在阿尔及利亚的天然气中，氦的含量为 0.04%？

这些问题，是由于相对缺乏一个或多个上述的地质事件。也就是说，在氦含量仅为 0.6% 的气体流中，基底岩石中的铀和钍含量可能会更少，封闭层可能会有更多的渗漏，或者存在更少的管道让氦从上大陆地壳中迁移出来。如果氦的生成、迁移和储存的严格条件只满足了一部分，那么氦就无法保留较多的量。

在世界上氦浓度最高的一些地区，如新墨西哥州和亚利桑那州的四角地区，几乎所有的氦储存条件都满足。在氦气含量高于 2% 的任何地方，上面提到的所有条件大多都满足了，氦气才能够积累到足够的量来取代一些宿主气体并被储存。

氦与氮的关系

由于氦最初是在堪萨斯州的天然气中被发现的，人们很快就通过气体分析发现，氦总是与氮一起被发现的。早期的研究表明，随着天然气储层中氦气浓度的升高，其氮气成分也随之升高，从而降低了天然气的热值。然而，很明显，高氮气井并不总是意味着高氦气。通过对美国各地许多气体的早期广泛调查，人们认识到氦和氮之间存在着某种联系。

氦总是和氮共存。尽管在得克萨斯、俄克拉何马州、科罗拉多州和堪萨斯州等地区，氦和氮的相关性更强，但在美国四角地区，也存在载体气是二氧化碳的富含氦气体（尽管体积很小）。稍后将更多地讨论这种气体中的二氧化碳。

氦与氮共存的原因还没有完全确定，但可以推测，大约在同一时间氦与氮气脱气。在早期的氦工业中，人们开始研究氦和氮之间的关系，提出了许多理论，但没有一种理论被接受。正如本书所述，拉姆齐 1895 年在希尔布兰德的铀矿岩样品中发现了氦和氮，但氮是如何到达那里的尚不清楚。当时最符合逻辑的结论是，这里靠近含氮物质的有机页岩。舍伯恩·罗杰斯（Sherburne Rogers）曾提出（不正确的）理论，认为从铀或钍中放射出来的 α 粒子会与这些含氮页岩发生反应，并有效地将它们分解，生成游离氮和碳氢化合物。当然，α 粒子是氦存在的原因。

大气中氮占 78%，氮以强结合 N_2 分子的形式存在。在地球的吸积过程中，由于空间的低温（-270℃），氮可能以固体的形式存在并被吸积，从而吸收了更多的氮。如前所述，氮是恒星核合成过程中产生的一种常见的元素。随着地球开始变暖，固态氮会转化为气体，气态氮会在地幔和地壳中变得可移动。在地壳形成之前，大部分氮经过脱气，形成了今天看到的成分。直到出现了光合作用，才开始看到双原子氧分子（O_2）的积累。在氧气被引入大气之前，未被光合作用消耗的二氧化碳是早期大气的主要成分。

氦在早期的地球中扮演了重要角色，并且在相对较早的时候就脱气了，帮助我们创造了大气层的基础。可以推测，在早期的脱气过程中，氦能够像氮一样通过同样的过程逃离地壳。在这个例子中，氮气是氦的载体，它沿着阻力最小的路径冲出地壳。自地球形成以来，氦一直是通过铀和钍的放射性衰变而产生的，因此，尽管来源不同，但氦和氮大概是在同一时间（从地壳）释放出来的，这似乎是合理的。如果氦没有携带气体，那么很可能会看到几乎纯净的氦储层，而这是不存在的，至少在地壳上层是这样。因此，由于几乎所有氦储层都含有氮气，氮气很可能是将氦带到最终目的地的运载气体。

由于地球老化以及沉积岩的形成（通过花岗岩基底岩石的风化作用及石灰石和页岩的形成），氦和氮必须沿着类似的路径在沉积地层中找到它们到达地表的途径并最终进入大气。在某些情况下，这些气体会和在沉积岩中形成和运移的碳氢化合物一起被困住。尽管氦和氮都可能被困在沉积岩中，但要把氦固定在其中要比氮气困难得多，因为氮气很容易被碳氢化合物困住❶。这就是在世界各地的一些低热量气田中没有氦气而存在氮气（和二氧化碳）的原因之一。

一些氦储层的另一个有趣的宿主气体是二氧化碳，它在美国的四角地区最常见。这种气体的存在主要是由于火山活动，在那里它从地球内部脱气。虽然其中一些二氧化碳可能来自生物成因过程，但大多数二氧化碳来自火山活动，这已被同位素分析证实。其他氦含量丰富的地区，如堪萨斯州、得克萨斯州和俄克拉何马州，由于这些地区没有火山活动，因此没有任何高浓度的二氧化碳。也就是说，来自这些地区的氦只是由于深层构造运动（如大陆中部裂谷），在那里氮和氦可以从地壳物质中脱气。在四角地区（以及新墨西哥州的其他地区）有很多古老的火山活动，大裂谷、残余的（已消亡的）火山锥以及散落在地面上的广泛的岩脉和岩床都可以证明这一点。新墨西哥州的火山活动可以用岩石圈变薄来解释，大陆分裂产生的大裂谷就是岩石圈变薄的证据。格兰德河正是沿着这个古老的裂谷流淌。

如前所述，尽管二氧化碳是这个地区的主要气体宿主，但所有这些气体至少都含有一定比例的氦，尽管其浓度比预期的其他富含氦的地区要低得多。四角地区气体代表着世界上氦气比例最高的一些地区，氦气含量近10%。这些富含氦的气体是在浅层发现的，自20世纪30年代到60年代发现以来，它们大多已经枯竭。

尽管对于富氦储层中其他气体（氮气和二氧化碳）的来源还存在争议，但氦气在气流中的存在几乎总是意味着气体（主要是甲烷）的热值较低。高的氦百分

❶ 氦原子的直径为0.2纳米。CO_2、N_2和CH_4的分子直径分别为0.33nm、0.34nm和0.38nm。

比几乎总是意味着热值的降低（假设部分主体气体含有碳氢化合物）。当然，新墨西哥州许多富含氦的气体都含有二氧化碳和很少的碳氢化合物，因此根本不会燃烧。然而，任何氦气含量超过 1% 的气体，都需要仔细研究其经济价值，因为即使看起来很低的 1% 氦气，实际上也是相当高的，如果能够量化足够的储量，它可能具有重要的价值。

产氦率

铀和钍在地壳中浓度最高，它们的浓度分别为 4×10^{-6} 和 16×10^{-6}。地幔中铀和钍的含量分别只有 0.02×10^{-6} 和 0.06×10^{-6}。在地球早期，温度较高的时期，大部分铀和钍从地幔中分离出来，现在主要存在于地壳中（包括基底岩石和沉积岩）。这两种元素（三种同位素）和钾－40 代表了地壳中一个巨大的热源，它有助于防止地球过快冷却。如果没有铀、钍和钾元素，地球原始的热量会迅速消散，地球会变得更冷，无法维持板块构造。如果没有板块构造学说，地球上很可能就不会有生命。事实上，人类的存在可以部分归功于这三种元素的存在。

产生氦的同位素——铀和钍有很长的半衰期，这意味着它们的热量生产将持续数十亿年以上。铀或钍的单个原子会以非常缓慢的变化速率自然衰变。然而，浓度越大，就能非常精确地确定铀和钍的半衰期并推断地球上铀和钍的量。

这些同位素产生的氦及其衰变周期如图 4.3 至图 4.5 所示。

从上面的信息可以看出，铀－238 产生的氦最多，整个衰变链产生了 8 个氦原子。储量少得多的铀－235 产生 7 个氦原子，而钍－232 产生 6 个氦原子。铀－235 实际上每单位产生的热量最多，但它只占地球上铀库存总量的 0.71%。铀－232 和钍－232 分别代表 43% 和 42% 的总铀和钍丰度。由铀和钍产生的氦总量如下：

$$1 \text{ 克铀每秒产生 } 1.03 \times 10^5 \text{ 个氦原子}$$
$$1 \text{ 克钍每秒产生 } 2.46 \times 10^4 \text{ 个氦原子}$$

每年的壳幔氦产量为 1.125×10^{30} 个氦原子。

为了更好地理解这种生产速度，填充一个 22.4 升的聚酯薄膜气球大约需 4 克氦气，即 6×10^{23} 个原子。以地幔和地壳全部产生的速度（假设所有产生的氦都是从地壳和地幔中脱去气体），每天产生的氦足以装满 500 多万个气球。然而，每年只有 7×10^{30} 个氦原子逃出地壳和地幔，这意味着剩余的氦仍然被留在地球的深处。这对那些参与氦勘探的人来说是个好消息。

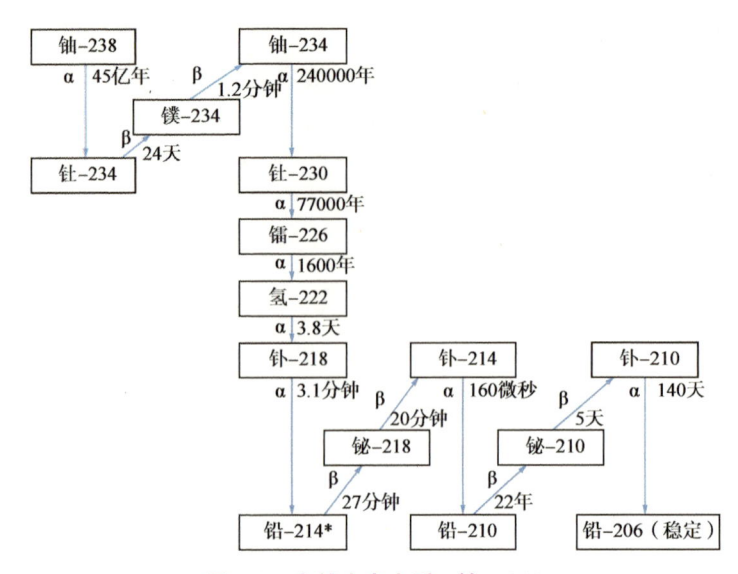

图 4.3　自然衰变序列：铀－238

α 和 β 表示 α 衰变和 β 衰变，所示时间为半衰期。星号表示该同位素
也是一个重要的伽马发射体，铀－238 也会自发裂变衰变

来源：阿贡国家实验室

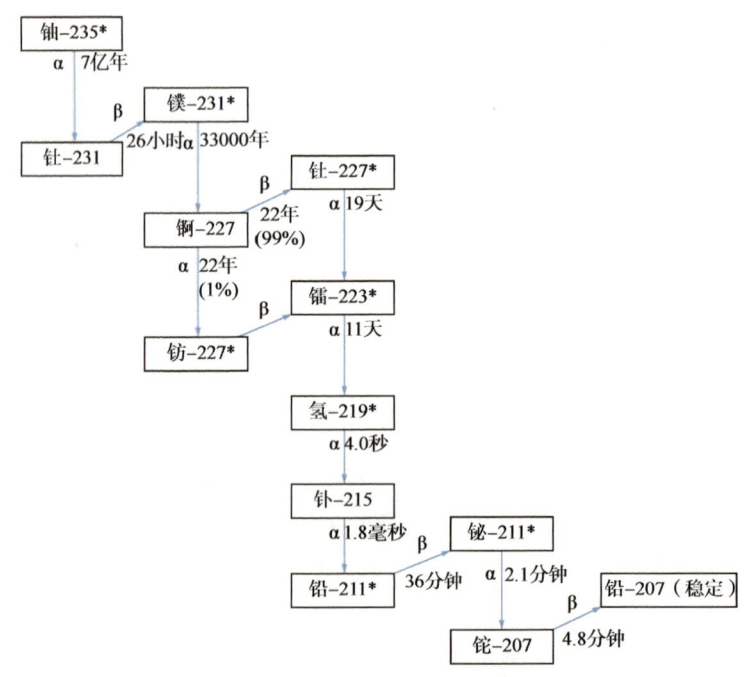

图 4.4　自然衰变序列：铀－235

α 和 β 表示 α 衰变和 β 衰变，所示时间为半衰期。星号表示该同位素
也是一个重要的伽马发射体

来源：阿贡国家实验室

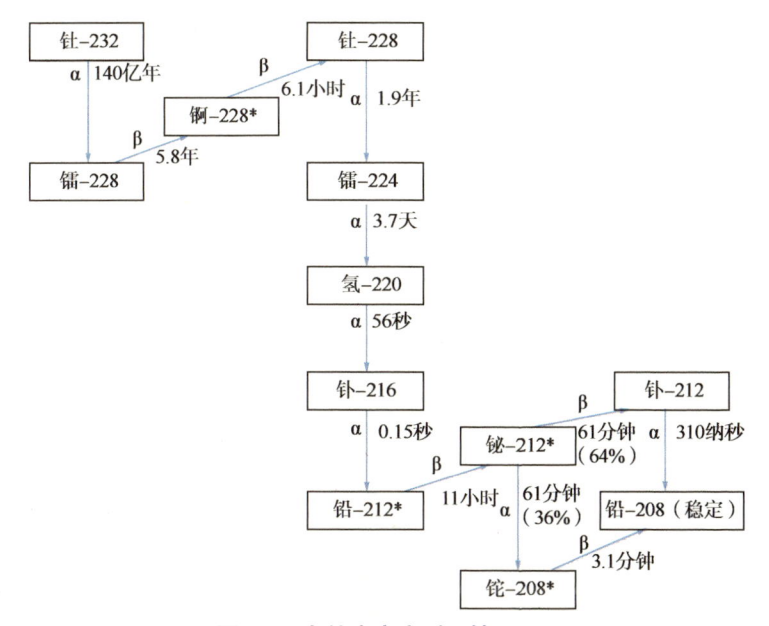

图 4.5　自然衰变序列：钍 – 232

α 和 β 表示 α 衰变和 β 衰变，所示时间为半衰期，星号表示该同位素
也是一个重要的伽马发射体

来源：阿贡国家实验室

扩展阅读

Albaréde, F. Geochemistry, an Introduction. Cambridge University Press, Cambridge（2009）

Anderson, D.L. The helium paradoxes. Proc. Natl. Acad. Sci. 95, 4822–4827（1998）

Arnett, D. Supernovae and Nucleosynthesis—an Investigation of the History of Matter From the Big Bang to the Present. Princeton University Press, New Jersey（1996）

Bach, W., et al. A helium, argon, and nitrogen record of the upper continental crust（KTB drill holes, Oberpfalz, Germany）: implications for crustal degassing. Chem. Geol. 160, 81–101（1999）

Boone, W.J. Helium-Bearing Natural Gases of the U.S., U.S. Bureau of Mines Report #576（1958）

Broadhead, R. Helium in New Mexico—geologic distribution resource demand, and exploration possibilities. New Mex. Geol. 27（4）, 93–100（2005）

Cappa, J.A., Rice, D.D. Carbon Dioxide in Mississippian Rocks of the Paradox Basin and Adjacent Areas, Colorado, Utah, New Mexico, and Arizona, U.S.G.S. Bulletin (2000)

Chaisson, E., McMillan, S. Astronomy Today, 5th edn. Pearson Prentice Hall, New Jersey (2005)

Class, C., Goldstein, S.L. Evolution of helium isotopes in the Earth's mantle. Nature 436, 1107–1112 (25 Aug 2005)

Cunningham, K.I. Helium concentrations in soil-gas over known petroleum concentrations, WaKeeney area, Trego Country, Kansas, U.S.G.S Open File Report 87-254 (1987)

Das, N.K. Explosive helium burst in thermal spring emanations. Appl. Radiat. Isot. 64, 144–148 (2006)

Dobbin, C.E. Geology of Natural Gases Rich in Helium, Nitrogen, Carbon Dioxide, and Hydrogen Sulfide, American Association of Petroleum Geologists, pp. 1957–1969 (1968)

Durrance, E.M. Radioactivity in Geology: Principals and Applications. Halsted Press, Sydney (1986)

Dyck, W. The use of helium in mineral exploration. J. Geochem. Explor. 5, 3–20 (1976)

Frisch, W., et al. Plate Tectonics: Continental Drift and Mountain Building. Springer, Berlin (2010)

Hamak, J.E. Helium Resources of Wyoming, Wyoming Geological Association Guidebook, pp. 117–121 (1989)

Holland, G., Ballentine, C.J. Seawater subduction controls the heavy noble gas composition of the mantle. Nature 441, 186–191 (2006)

Holland, P.W., Emerson, D.E. Helium in Ground Water and Soil Gas in the Vicinity of Bush Dome Reservoir, Cliffside Field, Potter County, Tex., U.S. Bureau of Mines Circular 8807, Washington (1979)

Jodry, R.L., Henneman, A.B. Helium, in Natural Gases of North America, American Association of Petroleum Geologists, Mem. 9, pp. 1970–1982

Katz, D.L. Source of Helium in Natural Gases. Helium Research Center Library, Amarillo (1969)

Lind, S.C. The origin of terrestrial helium and its association with other gases. Chemistry 11, 772–779 (1925)

Littke R., et al. Molecular nitrogen in natural gas accumulations: generation from sedimentary organic matter at high temperatures. AAPG Bull. 79 (3), 410–430 (March 1995)

Lowenstern, J.B., et al. Prodigious degassing of a billion years of accumulated radiogenic helium at Yellowstone. Nature 506, 355–358 (20 Feb 2014)

Marty, B. New Prospects for old gas. Nature 409, 293–295 (18 Jan 2001)

Newell, K.D., et al. H_2-rich Hydrocarbon Gas Recovered in a Deep Precambrian Well in Northeastern Kansas, Natural Resources Research (July 2007)

Parman, S.W., et al. Helium solubility in olivine and implications for high $^3He/^4He$ in ocean island basalts. Nature 437, 1140–1143 (20 Oct 2005)

Pierce, A.P., et al. Uranium and Helium in the Panhandle Gas Field Texas, and Adjacent Areas, U.S. Geological Survey Professional Paper 454-G (1964)

Rauzi, S.L., Fellows, L.D. Arizona has helium, Arizona geology. Winter 33, 4 (2003)

Reimer, G.M. Helium detection as a Guide for Uranium Exploration, U.S.G.S. Open File 76-240 (1976)

Riecker, R.E. (ed.) Rio Grande Rift: Tectonics and Magmatism, American Geophysical Union

Roberts, A.A. Helium Emanometry in Exploring for Hydrocarbons: Part Ⅱ, Unconventional Methods in Exploration for Petroleum and Natural Gas Ⅱ, SMU Press

Rogers, G.S. Helium-Bearing Natural Gases, U.S.G.S. Professional Paper # 121 (1921)

Ruedemann, P., Oles, L.M. Helium-its probable origin and concentration in the Amarillo Fold, Texas. AAPG Bull. 13, 799–810 (1929)

Stuart, F.M., et al. High $^3He/^4He$ ratios in picritic basalts from Baffin Island and the role of a mixed reservoir in mantle plumes. Nature, 424, 57–59 (3 July 2003)

Sawatzky, H.B., Agarwal, R.G., Wilson, W. Helium Prospects in Southwest Saskatchewan, Canadian Department of Mineral Resources, Geological Report No. 49 (1960)

Tolstikhin, I.N. Helium isotopes in the earth's interior and in the atmosphere: a degassing model of the earth. Earth and Planet. Sci. Lett. 26, 88–96 (1975)

Tongish, C.A. Helium—its relationship to geologic systems and its occurrence with the natural gases, nitrogen, carbon dioxide, and argon, U.S. Bureau of Mines (1980)

Turcotte, D.L., Schubert, G. Geodynamics, 2nd edn. Cambridge University Press, Cambridge (2002)

Varshal, G.M., et al. Separation of Volatile Components from Rocks under Mechanical Loading as the Source of Hydrogeochemical Anomalies Preceding Earthquakes, PAGEOPH, 122, 463–477 (1984/1985)

Wakita, H., et al. "Helium spots": caused by a diapiric magma from the upper mantle. Science, 200 (4340), 430–432 (28 April 1978)

Wasserburg, G.J., et al. Relative contributions of uranium, thorium, and potassium to heat produc tion in the earth. Science, 143 (3605), 465–467 (31 Jan 1964)

White, W.M. Helium not in store. Nature, 436, 1095–1096 (25 Aug 2005)

Xie, S. Evolution of helium and argon isotopes in a convecting mantle. Phys. Earth Planet. Inter. 146, 417–439 (2004)

Zhao, X., et al. Controls on the distribution and isotopic composition of helium in deep ground water flows. Geology 26 (4), 291–294 (1998)

第 5 章

氦工业

堪萨斯州德克斯特井

在 20 世纪的前十年，由于不断增长的电力需要，国家对石油和天然气的需求呈指数性增长。石油和天然气（甲烷和更重的成分）都被用来为工厂和不断扩大的其他工业方面提供电力。此时，J.D. 洛克菲勒（J.D. Rockefeller）已经牢牢控制了美国大部分的石油生产和销售。汽油，石油炼制的副产品之一，当时主要是一种废物，因为汽车还没有普及。然而，洛克菲勒对美国石油生产的控制却未能阻止小型石油和天然气公司追求这些价值不断增长的商品。小型石油和天然气公司愿意承担越来越大的风险不断探索新储量，以发现下一个新的纺锤顶油田（得克萨斯州博蒙特南部的一个油田，标志着美国进入了石油时代），1901 年得克萨斯州东部的喷油井每天可以生产 10 万桶石油。

1903 年春，一家名叫"石油开发公司"的小公司在堪萨斯州德克斯特镇的街道附近钻了一口井，目的是寻找石油和天然气。很快，在 400 英尺❶的浅层发现了一个估计日产 900 万立方英尺的大型天然气藏。兴奋之情在堪萨斯小镇上蔓延开来，庆祝活动都计划好了。人们聚集在一起见证巨大的天然气流，他们焦急地等待着看到天然气被点燃，使堪萨斯州的德克斯特成为地图上的重要资源区。但当火焰被放置在气流前面时，它很快就熄灭了。

尽管关闭油井并试图再次点燃天然气，但它根本不会燃烧。这种可燃气体的消息在该州迅速传播，最终被称为"风气"。尽管一个新的德克斯特的梦想破灭了，但这个消息还是激起了堪萨斯州地质学家伊拉斯谟·霍沃斯（Erasmus Haworth, 1855—1932 年）的好奇心，他要求得到一个气体样本。这个样品在夏天被送到堪萨斯大学，堪萨斯大学的化学教授大卫·福特·麦克法兰（David Ford McFarland, 1878—1955 年）进行了仔细的分析，如下所示：

氧气	0.20
二氧化碳	0
一氧化碳	0
甲烷	15.02
氢	0.80
氮	71.89
惰性残留物	12.09

❶ 1 英尺 = 0.3048 米。

这些结果发表在 1905 年的《科学》杂志上。该研究的作者伊拉斯谟·霍沃斯、大卫·福特·麦克法兰和 H.L. 费尔柴尔德（H.L. Fairchild）指出：

> 由于时间不够，对这种残余物的成分还没有研究，在这之前，关于它的成分还不能确定，只能说它可能含有在大气中发现的氩气或其他惰性气体。惰性气体的研究将尽快进行。

这种神秘的"惰性残留物"最终由埃德加·亨利·萨默菲尔德（Edgar Henry Summerfield）于 1906 年揭示，在新奥尔良举行的美国化学学会年会上，堪萨斯大学化学系主任贝利（Bailey，1848—1933 年）如是说。贝利发现其中的氦含量为 1.84%。

尽管这口井的氦浓度非常高，但这一情况的重要性直到几年后才被揭示出来。在这个天然气井中发现的氦气，更像是实验室里的新奇事物。在收到德克斯特井的结果后，立即对堪萨斯州和密苏里州的 44 口气井进行了取样和分析，到 1906 年底，所有的研究发现每口气井都含有氦，但氦的浓度比德克斯特井的要小。采样结果也揭示了氦分布的显著规律性，表明氦浓度升高与线性地质构造有关。在第一次天然气样品调查中，最重要的观察结果是氦与氮的关系。

> 还需要指出的是，气体中氮气量一般随氦气量的增加而增加，尽管还没有发现严格的比例关系。此外，一般来说，气体中可燃成分的数量与氦气和氮气的数量成反比。氦气含量高的气体，甲烷和其他可燃物含量低，氮含量高；而氦气含量低的气体，可燃物含量高，氮含量低——这是一种更好的产热气体。

> 氦元素在之前被认为是一种毋庸置疑的稀有元素，值得祝贺的是，在堪萨斯发现了大量可以不受限制并且容易获得的氦元素，它证明了氦不再是一种稀有元素，而是一种非常常见的元素，它大量存在，以供尚未发现的用途。

堪萨斯大学的两位化学家汉密尔顿·珀金斯·凯迪（Hamilton Perkins Cady，1874—1943 年）和大卫·福特·麦克法兰负责分析最初的堪萨斯和密苏里天然气井，而大学地质学会的成员负责收集大部分样本。凯迪和麦克法兰在 1905—1907 年的研究揭示了氦积累和地质事件之间关系的一些最重要的观点。他们的工作结果表明，氦的储量是充足的，1906 年夏天，他们觉得有一个非常不寻常的机会可以获得无限数量的氦。

凯迪和麦克法兰测定氦浓度的方法是在液态气（氮）温度下通过活性炭吸收气体。1904 年，詹姆斯·杜瓦（James Dewar）发现了活性炭。在液态空气温度下，活性炭可以吸收除氦气、氖气和氢气（不同程度地）以外的所有气体。在这三种剩余的气体中，氦是被吸收最少的，因此很容易被分离开来进行分析。氦分离和分析的简单步骤如下：

（1）在一个充满水的玻璃球中装入 100% 的气体样品。当气体充满玻璃球时，所有的水都被排开了。一旦完全充满气体，玻璃球被冷却到液态空气温度，大部分甲烷和其他碳氢化合物将液化。

（2）下一个玻璃球含有活性炭，活性炭接收来自第一个玻璃球的残留气体，并保持几分钟。这个装有木炭的玻璃球被浸在液态空气中。在这一步之后，除氦外，几乎所有的东西都被木炭吸收了。

（3）用另一球中的活性炭重复步骤（2），从而获得更高纯度的氦气。

（4）从步骤（3）得到的气体通过两个 U 形玻璃管，也浸在液体空气中。这一步除去了氦样品中可能存在的水或汞蒸气。

（5）在步骤（4）之后，这些气体被收集在采摘管中，氦被分光镜检查，然后被泵抽走。

（6）重复步骤（1）到步骤（6），直到无法通过光谱检测到氦。

可以看出，在没有其他方法的情况下，分光镜仍然是元素鉴定中非常重要的仪器。

凯迪和麦克法兰都认识到卢瑟福和索迪早期通过放射性元素（主要是镭）的衰变证明了氦的生成。在氦气取样的开始阶段，要确切地知道天然气中为什么会有氦气还为时过早。除从这些天然气中发现氦气外，凯迪和麦克法兰在 1907 年发现德克斯特井中同时含有氩气和氖气，这代表了天然气中的一个新发现。

在凯迪和麦克法兰在天然气中发现氦气后，由于工业上对氦气没有需求，进一步的氦气工作在接下来的几年里被削减了。在液化氦的尝试失败后，他们继续在堪萨斯大学担任化学教授，履行其他职责。为了防止泄漏，收集到的氦气被放在三个浸在水银里的小瓶子里，然后放在大学实验室的架子顶层上。这些瓶子只是简单地贴上 "He 1905" 的标签。

氦的用途

随着第一次世界大战在 1914 年仲夏开始，在这一年发生的一件事和发表的一份出版物将为一个新的氦工业的诞生提供催化剂。1914 年以前，氦除用于实验外，几乎没有什么用途。尽管当时认为氦的数量是无限的，但它根本找不到任何工业应用。

1914 年，盖泽·奥斯特维尔（Géza Austerweil）出版了一本名为 "Die angewandte Chemie in der Luftfahrt"（译为《航空应用化学》）的德文书，这一切都改变了。在该书的第1章，特别提到了用非可燃氦气代替氢气填充军用气球的优点。然而，奥斯特维尔继续提到，获得足够的氦气来装满一个气球的可能性不大，因为世界上所有已知的氦气都保存在卡末林·昂尼斯教授的实验室里，数量非常少，而他在6年前是第一个液化氦气的人。奥斯特维尔显然不知道1906年在美国天然气中发现的氦。

1914年发生的另一件事对氦工业的历史产生了更为深远的影响。在那一年，一架德国齐柏林飞艇被许多燃烧弹攻击和刺穿，但没有着火，这让许多人相信德国找到了一种非易燃气体。如果德国以某种方式获得了用于军事的氦气，他们将在空中拥有比盟军更大的优势（后来发现，德国没有任何氦气。其实这艘特别的飞船装的还是氢气）。

德国已经站稳了脚跟，率先推出了填充气体密度比空气小的齐柏林飞艇。第一次世界大战前，德国航空公司（DELAG）已经证明飞艇旅行是可靠的；已经有大约34000人安全进行了商业飞行。德国在齐柏林飞艇制造和运输方面的成功，可能会为其带来明显的军事优势，这给盟国带来了极大的不安。

英国物理学家、化学工程师理查德·斯瑞福（Richard Threlfall，1861—1932年）听说德国飞艇无法被击落，担心德国人搞到了氦，立即写信给英国海军部表达了他的担忧。收到这封信后，英国海军部授权斯瑞福（后来拉姆齐也加入了他的行列）报告氦可能被采集的可能地点。斯瑞福和拉姆齐还没有详细地了解德克斯特井以及后来在美国发表的论文，他们分析了煤矿和灭火器排放的气体。他们在法国昂赞和德国弗兰克诺兹尔（与布鲁塞尔接壤）的煤矿中找到了两个氦的来源。不幸的是，这两个地点氦气的数量不足以装满军用气球。例如，昂赞矿场每年释放的氦量仅略高于141000立方英尺。

1914年12月，斯瑞福终于知道了凯迪和麦克法兰在美国的工作，并在1915年2月将这些美国的发现报告给了英国海军部的航空部。英国海军部第一次了解到，从天然气中可以无限地提取氦气，于是很快拨出一笔钱，在英国（主要是加拿大）境内研究从天然气中提取氦气。

1915年2月，当时还没有参战的美国在一封拉姆齐写给理查德·毕肖普·摩尔（Richard Bishop Moore，1871—1931年）的信中得知英国试图寻找用于军用飞艇的氦［R.B.摩尔（R.B. Moore）曾在英国与拉姆齐一起研究大气中的稀有气体］。

> 我曾为我们的政府调查过"风气"（也就是煤湿气流）以获取氦气。在英国的"风气"中似乎没有任何东西，但我正在从加拿大和美国获得样品。这个想法主要是为了用氦气来制造飞艇。

收到这封信后，R.B.摩尔把它放在一边，因为当时美国还没有参战。此外，伍德罗·威尔逊（Woodrow Wilson）总统禁止任何战争准备，这是他严格中立政策的一部分。

尽管如此，英国人还是加快了他们在加拿大的计划，并在 1915 年拨出一笔钱给加拿大科学家多伦多大学的约翰·C.麦克伦南（John C. McLennan）教授，让他对将氦用于飞艇的可能性进行试验。麦克伦南被要求测定英国天然气中的氦气含量，并构想出一种从天然气中提炼氦气的方法。在较短的时间内，麦克伦南在加拿大东部发现了几个氦浓度在 0.1%~0.33% 之间的地区，并与法国液化空气公司（Air Liquide Company）谈判了一项合同，以制造一个实验性的氦工厂来处理这种天然气。1902 年，空气液化公司由乔治·克劳德（Georges Claude）和保罗·德洛姆（Paul Delorme）成立。该工厂选址在安大略省的汉密尔顿镇，通过管道将安大略省西部的天然气向这里供应。

在汉密尔顿，安大略省的空气液化工厂采用了一个改进的空气分离装置，它利用低温从空气中分离氧气（空气里约 21% 的氧气）。这个工厂代表了世界上第一个实际意义上的氦工厂，但它并不是没有问题。在其早期，要除去在安大略省西部天然气中发现的较重的碳氢化合物就相当困难。经过反复试验和多次修改，最终在 1918 年中从天然气中分离出氦气。在汉密尔顿的操作接近尾声时，它能够达到 87% 的氦气纯度，剩余气体主要由氮气组成。然而，就在净化工作取得进展的同时，来自安大略省西部气田的天然气产量开始大幅下降，该工厂随后被转移到卡尔加里，以处理来自鲍艾兰气田的天然气。❶

当时，虽然美国还没有参战，但参战的可能性很大。此时，堪萨斯大学一位名叫克利福德·温斯洛·赛贝尔（Clifford Winslow Seibel，1890—1984 年）的化学专业学生正在攻读一个高级学位，他向凯迪教授寻求论文的灵感。凯迪建议赛贝尔重新检查之前在堪萨斯州德克斯特井天然气中对氦和其他稀有气体所做的工作。赛贝尔对这项研究没有兴趣，但由于这个建议是来自这样一位杰出的化学家，赛贝尔勉强同意了，并开始了他的研究。

赛贝尔在 1917 年初完成了这篇论文，并计划于 1917 年 4 月在堪萨斯城举行的第 54 届美国化学学会年会上发表他的研究成果，当时美国刚刚参战几天。赛贝尔不情愿地读了他的论文《天然气的稀有气体》并遗憾地表示："对不起，先生们，这些信息没有实际应用价值。"赛贝尔的声明指的是，由于大多数美国人关注战争，他的论文对战争没有任何实际的好处。

美国化学家理查德·毕晓普·摩尔（Richard Bishop Moore，1871—1931 年）对赛贝尔的论文非常感兴趣，他出席了这次会议，并立即对赛贝尔的声明做出了回应，他提交了 1915 年 2 月 28 日拉姆齐写给摩尔的信，信中说："这就是你的实

---

❶ 当卡尔加里的气体被加工成氦气时，战争已经结束了。在卡尔加里期间，该工厂生产了近 6 万立方英尺的天然气，纯度从 60% 到 90% 不等。

际应用。"摩尔强调了英国对战时飞艇使用氦气的兴趣,并认为以合理的成本提取和加工氦气供美国军事使用是可能的。

但在交谈过程中,赛贝尔似乎无法理解仅仅是封存足够的氦气来填满一艘飞艇的想法,因为他手里拿着几乎整个美国的氦气供应,总量不到一立方英尺。赛贝尔认为最明显的问题是:

(1)美国当时只拥有不到一立方英尺的氦气。

(2)一艘小型飞艇需要大约 10 万立方英尺的氦气。

(3)目前的开采成本高得惊人。赛贝尔以每立方英尺 2500 美元的价格卖掉了这种气体。

(4)按照这个价格,填满一艘飞船将花费 2 亿多美元。

摩尔对赛贝尔的观点完全不以为然,于是开始与查尔斯·莱思罗普·帕森斯(Charles Lathrop Parsons)对话,他是矿务局的首席化学家,也参加了这次会议。在评论飞艇使用氦而不是氢的优越性时,摩尔请帕森斯把这个信息传达给他在矿务局和陆军部的上级(图 5.1)。

帕森斯在会议结束后返回华盛顿特区。随后,4 月和 5 月在华盛顿矿务局举行的讨论受到了热烈欢迎,尤其是矿务局战争毒气调查负责人乔治·亚瑟·伯勒尔(George Arthur Burrell,1882—1957 年)。在战争之前,伯勒尔检查了得克萨斯州大量的天然气井样本,特别是威奇托福尔斯镇附近已完全开发的彼得罗利亚气田。来自彼得罗利亚气田的天然气含有 20%~30% 的氮气,但足够用作燃料,因此被大量输送到得克萨斯州的达拉斯和沃思堡。在了解了氦与氮的关系后,伯勒尔根据其含氮量推测,彼得罗利亚气田的天然气可能含有氦。伯勒尔向堪萨斯大学的凯迪邮寄了一份气体样本,该样本被发现含有大约 1% 的氦气。伯勒尔立即通知他的同事、矿务局首席冶金学家弗雷德里克·加德纳·科特雷尔(Frederick Gardner Cottrell,1877—1948 年)加入他和摩尔的团队,讨论利用彼得罗利亚公司的天然气回收氦气。因此,如果该项目继续进行,彼得罗利亚气田很可能成为开始的地方。

1917 年 5 月 12 日,伯勒尔给陆军少校查尔斯·德福瑞斯特·钱德勒(Charles deForest Chandler,1878—1939 年)写了一封信,信中提到了氦的问题。钱德勒负责美国陆军通信兵航空部气球科。在这封信中,伯勒尔曾向钱德勒征求意见,如果能

图 5.1 理查德·毕晓普·摩尔(Richard Bishop Moore)

以较低的成本回收氦气，是否能证明氦的优势足以保证天然气的生产。钱德勒对这个想法很感兴趣，于是在6月与摩尔和伯勒尔见面，讨论这个想法的可行性。

在1914年战争开始之前，美国陆军已经拨款25万美元用于陆军航空，但这些资金的大部分用于飞机。战争开始后，飞艇的威胁对美国来说是一个日益严重的问题。此外，由于威尔逊总统的中立政策，几乎没有把重点放在发展美国飞艇上，造成了巨大的劣势。到1915年3月，海军获得了100万美元的拨款，其中一部分用于建造第一艘飞艇（为氢气设计的）。在美国参战之前，美国海军的杰罗姆·克拉克·汉萨克❶（Jerome Clarke Hunsaker，1886—1984年）说："似乎一种新的武器已经出现，美国应该仔细考虑它的可能性。"

现在美国已经参战了，对飞艇的兴趣，尤其是那些可以装满氦气的飞艇，成了当务之急。1917年6月，摩尔、伯勒尔和钱德勒的会面成为氦工业的开端。

一个行业的诞生

摩尔、科特雷尔和钱德勒的这次会面旨在进一步评估陆军的潜在优势，并确定陆军是否愿意为一个氦气项目试点提供资金。钱德勒立刻感兴趣起来。在战争结束后回忆这一事件时（1923年12月19日），钱德勒写道：

> 那是1917年6月的一天，你和伯勒尔医生来到我的办公室，大概是因为我当时负责通信兵航空兵分队的气球科。你告诉我，在美国中部地区，氦气是天然气的组分之一，并补充说，如果能够开发出合适的提取工艺，氦气的特点将使其优于军用气球中的氢气。然后有人问我，信号部队对氦的需求是否足够，以便以此目的分配资金来鼓励开发提取过程。
>
> 我个人的意见是，应该这样做，尽管成本会比氢高得多，因为任何能让我们在战争中对敌人有优势的东西都不应该仅仅因为成本更高而被忽视。这一问题涉及新的政策，肯定需要比我批准的数额多出更多的资金支出。因此，我同意立即与陆军的首席信号官进行协商，协商在几个小时内就完成了。斯奎尔将军对这个建议非常感兴趣，并指示我在一两天后的下一次飞机生产委员会会议上把这个问题提交给它；该委员会负责有关影响陆军和海军的飞机政策的决定。董事会成员提出的问题表明他们对我有好感，他们指示我向矿务局提交可行的开采方式所需资金的预算。

❶ 后来成为固特异齐柏林飞艇公司的总裁。

当钱德勒告知海军蒸汽工程局的 G.O. 卡特（G.O. Carter）后，人们对氦的兴趣继续扩大，卡特立即代表海军对氦产生了兴趣。卡特和钱德勒都同意尽快推进氦项目。海军助理部长富兰克林·D. 罗斯福（Franklin D. Roosevelt）也对氦充满热情，他后来说："由于消除了火灾风险，刚性飞艇或齐柏林飞艇将因此成为已知的最强大的武器之一。"

在与摩尔、伯勒尔、钱德勒和卡特交流之后，科特雷尔立即建议联系杰弗里·诺顿公司的弗雷德·H. 诺顿（Fred H. Norton），开始讨论氦的处理过程。诺顿是麻省理工学院的毕业生，也是一位在国际上享有盛誉且备受尊敬的工程师。1917 年 6 月 4 日，他被召集到华盛顿，讨论从天然气中提取氦气的实验过程，这在美国是前所未有的。科特雷尔是在 1916 年被矿务局局长范·H. 曼宁（Van H. Manning）介绍给诺顿的，他认为诺顿可能是能够以相对较低的成本解决这个问题的工程师。诺顿设计了一种"具有创新性和独特性的空气分离新工艺"的图纸，用于以低廉的价格使用高炉生产氧气，矿务局对此很感兴趣。在诺顿的工艺中，像其他空气分离装置一样，氧气是在低温下提取的，但他是为了降低压缩成本设计的，而压缩成本是提取的主要成本。

诺顿估计，建造一个每天可以处理 5000 立方英尺氦气的工厂将花费 2.8 万美元（因为这个工厂在本质上是实验性的，只需要体积非常小的气体来测试）。2.8 万美元的要求得到了批准，很快诺顿开始设计建造第一个实验性氦气厂，并与孤星天然气公司谈判，从得克萨斯州沃思堡的管道中撤出彼得罗利亚气田的一小部分天然气。

与此同时，1917 年 7 月一项会议在华盛顿特区举行，公开讨论了所有与氦生产有关的问题，同时也解决了许多科学问题，包括氦气通过气球织物的渗透性、氦气在液态甲烷和氦气中的溶解度，以及对氦和氢混合物的可燃性研究（在氦中 10% 的氢成分不会被点燃）。更重要的是，为了帮助盟军，美国和英国提出了建立合作关系的建议，因此美国陆军信号部队的 R.B. 欧文斯（R.B. Owens）上尉被派往英国，讨论两国合作。这些会议的所有与会者都同意在所有方面向前迈进。

摩尔不愿意拿整个美国工业的未来冒险，让一家加工公司来做实验，他建议考虑另外两家在空分领域很有名气的公司。摩尔向科特雷尔推荐林德空气产品公司❶ 和空气还原公司❷ 这两家业界著名的空气分离公司，给他们一个竞争加工权

---

❶ 林德空气产品公司（Linde Air Products Company）成立于 1907 年，由德国人林德（Linde）创立。美国加入第一次世界大战后，德国林德公司（German Linde）不得不剥离其在美国林德空气产品公司（American Linde Air Products Company）的股份。联合碳化物和碳素公司（UCC）接管了美国子公司。
❷ 空气还原公司（Air Reduction Company），后来被称为 Airco，不再是一个实体。它于 1916 年由美国氧气公司（American Oxygen Company）和液化空气公司（Air Liquide）联合成立。

的机会，他欣然同意了。1917年7月下旬，陆军和海军飞艇联合委员会建议增加拨款10万美元（由陆军和海军平均分摊），由两个连和一个随后不久撤出的连平摊❶。当时还建议氦业务由美国矿务局统一运营，由伯勒尔领导业务。凯迪和他的助手克利福德·希贝尔（Clifford Seibel）成为矿务局的咨询化学家，负责氦的分析和研究工作。

在与著名的林德空气产品公司和空气还原公司进行谈判时，来自杰弗里·诺顿公司的代表已经与龙星气体公司就加工权进行了口头合同谈判，并为他们在沃思堡的实验性氦加工厂选择了一个地点。杰弗里·诺顿公司的代表们迅速向前推进，直到1917年10月，所有进展戛然停止，因为美国海军驻华盛顿代表卡特禁止将任何海军资金转到杰弗里·诺顿公司。卡特也是林德空气产品公司的前雇员，他对低温加工有一定的了解。根据卡特的说法，诺顿工艺是一种不可靠的技术，不应得到海军的任何拨款。陆军最终会站在卡特一边，不会让杰弗里·诺顿公司参与任何军队的拨款。

在诺顿计划被排除在所有资金之外的不到一周之前，英国海军已经通知美国他们对战争所需的氦需求。要求的数量是巨大的，一次1亿立方英尺，此后每周100万立方英尺。英国人认为这个数目是完全可行的，主要是因为他们相信诺顿工艺。在氦气会议结束后，欧文斯前往英国，他向英国当局保证，诺顿工艺在理论上是可行的，从而向盟军保证，这是一种低成本的氦气开采方法。现在诺顿工艺被排除在所有陆军或海军拨款之外，这让英国海军部和美国矿务局因为他们对诺顿工艺的坚定信念有些尴尬。

尽管被诺顿的惨败拖延了，但矿务局的进展依然迅速，并批准为剩下的两家加工公司增加了50万美元的拨款（其中一部分本应拨给诺顿工艺）。林德空气产品公司和空气还原公司的合同于1917年11月签署，两个设施的建设立即开始。在建设期间，作为一种预防性的战争措施，这两家工厂都被称为"氩气"工厂，以增加保密性。

幸运的是，1918年1月，诺顿获得了新生，因为他的生产过程被国家研究委员会重视，再次被认为是值得一试的机会。1918年1月14日，国家研究委员会声明："委员会一致认为诺顿工艺在科学上是合理的，它应该能达到预期的结果，而且它的每一部分似乎是根据对问题的清晰理解和对工程设计的良好建议且经济的方法所构想的。"在诺顿计划恢复的时间里，诺顿协商的初始工厂地点被分配给林德空气产品公司和空气还原公司。由于在沃思堡的管道末端没有工厂，诺顿决定在彼得罗利亚气田建设他的工厂。

---

❶ 一个被称为"莱西进程"的进程也打算用这笔拨款的一部分，但它们很快就被排除在考虑范围之外。

1918 年 6 月，这三个实验性氦工厂都由摩尔控制。这些公司的简要描述如下：

（1）位于沃思堡的林德空气产品厂（1 号氩气厂），日产 5000 立方英尺天然气，于 1918 年 3 月完工，成本为 24.5 万美元。该装置利用了焦耳—汤姆孙效应，这种效应是由压缩气体通过一个小孔迅速膨胀而产生的（这就是气溶胶在喷涂过程中会变冷的原因）。当进入的气体被压缩到 13.79 兆帕，然后被水、二氧化碳和之前处理过的液态气冷却，然后膨胀，在回到正常压力时冷却。这个过程重复几次，直到气体降到沸点以下。该工艺的主要缺点是需要大量的压缩气体，这就需要大量的能源，从而增加了加工成本。虽然这个工厂的生产成本最高，但在初级加工后可以生产 70% 纯度的氦，再处理后氦含量可达 92%。

（2）空气还原厂（2 号氩气厂），与林德空气产品厂在 1918 年 5 月 1 日开始运营的产能几乎相同，制造成本为 13.5 万美元。空气还原采用了"克劳德"循环，该循环也利用了焦耳—汤姆孙效应。该系统的压缩需求少得多，从而降低了运行成本。该装置与林德空气产品厂的主要区别在于使用了膨胀发动机，利用膨胀气体进一步提高冷却效果，从而降低了压缩要求。尽管运营成本较低，但空气产品工厂最多只能生产纯度 70% 的氦气。为了获得更高纯度的氦气输送到海外，这 70% 的氦气流在林德空气产品厂进行了再处理，可以获得 92% 的纯度。

（3）诺顿工厂（3 号氩气厂）的建设直到 1918 年 4 月初才开始，直到 1918 年 10 月 1 日才完工。生产量为 30000 英尺^3/日，制造成本仅略高于 14.8 万美元。由于操作成本较低，该工艺受到了广泛的赞誉，其压缩需求也很低。这个过程使用了三个扩展引擎，而不是克劳德过程的一个。人们认为，使用三台膨胀发动机可以消除沉重的压缩需求，从而大大提高效率。尽管在不到三年的时间里屡次失败，但诺顿工艺继续得到该局官员的支持。到 1919 年 4 月 3 日，诺顿工艺只生产出纯度 20% 的氦气，两个月后最终被当作废品出售。诺顿工艺最终的成本将超过林德空气产品厂和空气还原厂的总和。

到 1918 年 6 月，林德空气产品公司的生产工艺明显优于其他公司。到 8 月，陆军和海军决定建立一个大规模的生产工厂，以满足日益增长的氦气需求。除了新工厂的要求外，人们还认为有必要寻找新的含氦气田，因为成熟的彼得罗利亚气田正在迅速衰竭。在美国地质调查局的盖拉德·舍本·罗杰斯（Gaillard Sherburne Rogers，1889—1919 年）的领导下，矿务局于 6 月开始对氦的储量进行了彻底的搜寻。

罗杰斯所做的工作最初是尽快确定新的氦储备，以增加对战争的供给。由于战争的急速进行，全国各地的天然气井只分析了其中的氦气含量（没有分析其他气体）。在最初的研究中，发现的最大氦含量是得克萨斯州克雷县的彼得罗利亚气田。在罗杰斯的出版物中，他写道：

> 由于美国地质勘探局的调查是严格为军事目的而进行的，其目的必然是尽快确定含有氦气体的充足供应，而实际上没有注意到有关氦的起源或最终来源的更广泛的科学问题。在成功地解决这个问题之前，显然需要进行大量的研究，而且考虑到在今后十年内可能发展商用飞机，以及从天然气中提取氦气的成本将大大降低以使其用于商用气球的可能性。人们认为，可以立即对美国氦的主要来源做简要说明。与此同时，作者（罗杰斯）努力描述了含氦气体更广泛的地质关系，讨论了有关氦起源的各种理论，并回顾了报道的氦在矿物和其他气体中存在的情况，希望对以后试图解决这个问题的其他人有价值。

罗杰斯的出版物在发行后的几年里成为政府寻找氦资源的主要来源。作为一个极其成熟的地质学家，罗杰斯细致分析了特定地区的地质情况，以假设氦可能的来源。尽管罗杰斯的工作从实验工厂开始就一直在进行，但直到1920年才公布。罗杰斯还预测，彼得罗利亚气田不会以目前的速度持续生产，因此他提醒政府官员与孤星天然气公司谈判，以降低其产量。

在第一次世界大战期间，两个试验厂（林德空气产品厂和空气还原厂）的运作一直持续，到1918年7月，大规模的氦气加工将成为现实。两个试验厂都生产了相当数量的气体。就在1918年11月停战协议签署之前，两批实验性的氦气分别被运往法国和英国。新奥尔良码头被运往法国的氦气更多，有14.5万立方英尺，纯度为92%，装在750个气瓶中。在停战协议签署之前，这些氦气还没有机会帮助战争，只能被运回沃思堡储存，后来被用来填充美国第一艘充满氦气的飞船——海军的C-7。

1918年10月22日，林德空气产品公司获得了美国第一个大规模生产工厂的合同，该工厂的设计目标是每天从彼得罗利亚气田生产3万立方英尺的氦气。有关从孤星天然气公司租赁彼得罗利亚气田天然气的谈判已经在进行，从天然气田位于沃思堡的林德新设施的新管道建设也在迅速进行中。第一次世界大战的停战协议将与林德签订合同的20天之后的1918年11月11日签署。

尽管战争已经结束，不再需要大量的氦气，但美国陆军飞机委员会对氦气的情况进行了评估，并认为继续氦气计划符合国家的最佳利益。提出了四种不同的方案，并通过了"C计划"的修正。1918年12月8日提交的最初的"C计划"如下：

3 号工厂（诺顿）设备三个月运行	3.6 万美元
1 号工厂（林德）生产厂房建设	170 万美元
生产厂房运行 8 个月，生产 720 万立方英尺的氦气	75 万美元
管道建造	180 万美元
石油天然气租赁	150 万美元
总支出	578.6 万美元
残值	50 万美元
净成本	528.6 万美元
氦产量	720 万立方英尺

尽管诺顿工艺自 10 月以来一直在运行，但它仍然无法生产出任何高质量的氦。无论如何，矿务局的工程师们坚信氦的加工成本可以大幅降低，并坚定地游说诺顿公司继续尝试。除了诺顿之外，矿务局局长范·H. 曼宁（Van H. Manning，1861—1932 年）后来还建议继续进行三个试验厂的作业，以便探索可能降低成本的办法。

1918 年圣诞节两天后，海军部长约瑟夫·丹尼尔斯❶（Josephus Daniels，1862—1948 年）写信给矿务局的曼宁，表示他打算停止政府所有的氦实验工作，但诺顿工艺除外（显然，生产超便宜的氦的想法太诱人了，即使是高级政府官员）。丹尼尔斯的计划被采纳，两个试验工厂都被命令于 1919 年 1 月 23 日关闭。曼宁说服丹尼尔斯让空气还原装置再运行一段时间，由公司出资，以测试潜在的改进办法。尽管如此，空气还原工厂从未能够做出任何有意义的改进，并最终于 1919 年 4 月 1 日转交给船厂和船坞局（海军）。该工厂的一部分将用于弗吉尼亚州兰利场的第一个矿务局净化工厂。

第一次世界大战后

在第一次世界大战之前，氦气的价格是每立方英尺 1700 美元（每千立方英尺 170 万美元），这是因为当时的产品太少了。曾经被提取的气体不超过 100 立方英尺。沃思堡的两个试验工厂能够生产出在三年前难以想象的氦量，成本大约是每千立方英尺 100 美元。

尽管 1918 年底战争结束，美国仍继续推进氦计划，以免再次发生冲突。林德空气产品厂的计划将持续进行，直到 1921 年 4 月在美国海军的授权下最终投入

---

❶ 约瑟夫·丹尼尔斯是一名报纸编辑和出版商，1913 年被伍德罗·威尔逊总统任命为海军部长。

生产。投产的头四个月生产了 26 万立方英尺的氦气，成本为每千立方英尺 480 美元，后来下降到 174 美元。在建造第一个工厂期间，陆军、海军和内政部建议在华盛顿特区建立一个低温研究实验室，以获得对低温天然气处理提取氦气的更深入的了解。1921 年 5 月 21 日，也就是工厂开始运营仅一个月后，低温研究实验室由居住在华盛顿特区的玛丽·居里夫人主持揭幕，她在此期间进行了为期六个月的访问。

低温研究实验室在摩尔和赛贝尔的领导下，被证明是一个非常成功的氦研究推进项目。该研究的主要目的是科学地理解天然气加工过程中氦的性质，以达到降低成本的目的。低成本分离的成功与否取决于氦实验的各种因素。据赛贝尔说："通过这样一个实验室获得的数据，可以为未来设计出更高效的工厂。"不久，在华盛顿特区建立的研究实验室里，工作人员为许多问题提供了答案，这些问题涉及比热容、相平衡、氦气在天然气液体组分中的溶解度、金属在低温下的行为、热交换、绝缘材料、从天然气中去除二氧化碳、特殊阀门、分析记录仪以及必要的制冷方法。除了这项研究之外，摩尔还建议对氦的地下储存也进行测试。1918—1920 年，一家公司证明了地下天然气储存的成功，以保持储量以应对冬季的高需求。正是摩尔令人难以置信的洞察力最终导致了几十年后克利夫赛德气田储存氦的应用。

低温研究实验室的另一个成果是铁路氦气净化车的发明，它可以使气球和飞艇从气囊中去除空气的污染。在这一点上，人们通过广泛的研究了解到氦气会从气球织物渗透到大气中，大气中的空气也会渗透到气球的气囊中。因此，重新净化被空气污染的气球气囊是一个需要立即注意的问题。在 1925 年，总共建造了三辆净化车厢，这被证明是成功的且廉价的操作。

战后氦的唯一已知用途是气球和飞艇，因此它仍然是美国政府一个非常重要的优先事项，特别是他们收到了三种新的飞艇［一种在美国制造（ZR-1）；一艘来自英国（ZR-2）；一艘来自德国（ZR-3；美国"洛杉矶"号）］作为战争赔款的结果。每一个这样的容器都需要 1 万~200 万立方英尺的氦气。随着氦气需求的增加，1920 年 1 月 22 日，美国众议院听证会建议禁止任何氦气出口。海军部长丹尼尔斯写道：

> 兹随函奉上禁止出口氦气的提案草案一份。氦气是一种非可燃气体，供飞机充气使用。在美国，氦的供应来源并不多，可获得的数量非常有限。这种气体不易燃，因此对各种气球，特别是对那些海军部门在国会授权下努力开发并使其达到最高效率的飞艇类型的气球具有不可估量的价值。

因此，显而易见的是，公共利益迫切需要节约这种天然气的供应，因为国外对它的需求是迫切的，而且很大程度上足以在很短的时间内消耗掉这个国家的可用供应。

随附的法案草案将承认对这种气体的供应进行控制，以便政府的利益在受到此事影响的情况下得到最大限度的保护。

1920年，新泽西莱克赫斯特海军基地已经在建造一个价值300万美元的大型机库，以促进ZR-1（后来的美国海军"谢南多厄"号）的制造，并容纳三艘飞艇。

1923年，低温研究实验室的负责人摩尔从矿务局跳槽，他接受了纽约多尔公司一个私营企业的职位。塞缪尔·科威尔·林德（Samuel Colville Lind，1879—1965年）取代摩尔的位置，他曾是法国索邦大学玛丽·居里的学生，是美国在放射性方面的权威。在摩尔和林德领导研究实验室期间，氦的新用途实验一直在积极进行。结核病治疗和电灯泡的使用等实验已经进行了测试，但没有成功。

美国飞艇时代

在美国进行氦实验之前，唯一能够为观测气球、非刚性飞行器或飞船产生升力的气体是氢气。氢的提取成本很低，其主要提取方法是从水中分离氢。正如无数次证明的那样，氢的使用对所有相关人员都构成了巨大的风险。除了明显的燃烧弹外，任何其他事故都可能造成灾难，比如引擎的火花或一根香烟。此外，当氢与空气混合时，就会发生剧烈的爆炸。

美国一直积极参与军用气球的生产，但所有气球都是为氢气而设计的。这一切在1920年12月5日发生了改变，当时美国海军第一架充满氦气的半刚式飞艇C-7从基地起飞，在400英尺的高空飞过华盛顿特区，并在其处女航中返回家园。这次飞行所用的氦气来自沃思堡的两个试验性氦气厂，其中包括停战前运往法国的14.5万立方英尺氦气。C-7的飞行需要大约19.7万立方英尺的氦气，这代表了陆军、海军和矿务局的巨大成就。因为在三年前，完成这样的任务是完全不可想象的。C-7中的氦气最终被保存起来，重新压缩并运回兰利气田，以备进一步使用。

1922—1923年，第一艘美国制造的飞艇ZR-1在新泽西州莱克赫斯特海军空军基地接近完工的机库中建造。1923年10月10日，ZR-1正式成为一艘海军飞艇，命名为"谢南多厄"号。这艘飞船需要大约200万立方英尺的氦气，这些氦气将由1921年4月开始运营的沃思堡新工厂提供。1923年9月4日，当"谢南多厄"号在莱克赫斯特离开机库时，一艘充满氦气的刚性飞艇进行了首次飞行。"谢南多厄"号在1925年9月3日不幸在空中被撕裂。43名船员中有14人遇难。如果使用氢气，可能就没有幸存者了（图5.2）。

摩尔回忆起与陆军航空兵上校E.C.霍尔（E.C. Hall）的一段对话，霍尔是"谢南多厄"号空难的14名幸存者之一：

霍尔上校："如果控制车以另一种方式连接到框架上，而且没有脱落，那么机组人员中只有三到四人会失踪。"

摩尔："当你和其他幸存者登上陆地时，你说了什么？"

霍尔上校："我们说什么来着？为什么我们转向彼此说，'感谢上帝有氦。'"

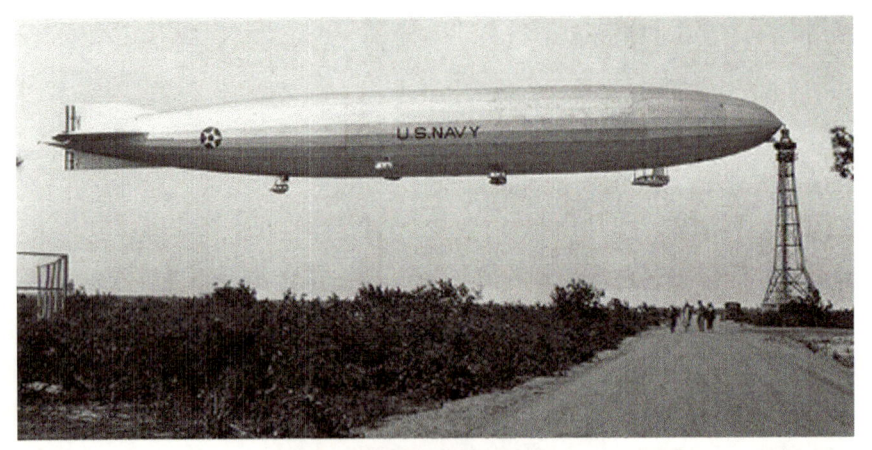

图5.2　1924—1925年，在新泽西州莱克赫斯特海军基地，美国海军"谢南多厄"号
来源：美国海军

在美国"谢南多厄"号完成前不久，德国开始建造第三艘美国飞艇ZR-3。作为第一次世界大战的战争赔款，它由德国建造并支付，后来于1924年11月15日在新泽西州的莱克赫斯特被美国海军重新命名为"洛杉矶"号服役。"洛杉矶"号从德国飞往美国时使用的是氢气，在那里它被"谢南多厄"号的氦气取代。在"洛杉矶"号首航美国之前，"谢南多厄"号上的氦气必须被移除，以填满新船。尽管如此，沃思堡工厂（和彼得罗利亚气田）还是无法同时生产足够的氦气来填满这两个飞艇。氦气在两艘船只之间来回交换，所以其中一艘船需要修理，另一艘船也无法运行。"洛杉矶"号在1932年退役，在美国海军服役长达8

年，没有发生任何事故。在 1933 年短暂重返天空之后，它最终在 1939 年被拆除（图 5.3）。

图 5.3　1931 年冬天"洛杉矶"号停靠在"帕托卡"号上
来源：美国海军

ZR-2 是美国第一个授权购买的飞船，在它交付给美国之前的 1921 年 8 月 24 日，由于结构故障而坠毁。这艘最初被称为 R-38 的飞船由英国皇家飞艇工厂制造，它在英国坠毁并起火时使用的是氢，导致 49 名船员中的 44 人死亡（图 5.4）。

图 5.4　飞艇 R-38（美国海军 ZR-2）在 1921 年 6 月 23 日第一次试飞
来源：美国海军

到 1924 年 10 月，当美国陆军充满氦气的飞艇 TC-2 在前往弗吉尼亚州纽波特纽斯的途中，由于炸弹的过早爆炸而坠毁时，氦气作为氢替代品的重要性得到了证实。5 名机组人员中有 4 人在事故中幸存，因为他们的氦气囊在事故中被严重刺穿。这一特殊事件为氦气保护法案的通过火上浇油，该法案最终将简化政府的氦气运作。

1925 年的氦法案

1925 年 3 月 3 日的氦保护法案是自 1917 年政府对氦产品产生兴趣以来，美国第一部涉及氦生产的法律。该法案的目的是在一个实体——矿务局的指导下建立氦的生产和销售计划。人们最关心的问题是需要制定一项法律来约束氦的保存，据估计，由于没有开采某些富含氦的天然气，每年有 5 亿立方英尺的氦被浪费掉。矿务局现在负责政府所有的氦生产，包括"购买、租赁或征用土地，保存氦气，建造和运营氦气工厂，进行实验工作，以及在特定条件下租赁氦气"。沃思堡生产工厂以前由海军控制，在赛贝尔的指导下移交给矿务局。1925 年通过第一个氦法案后，矿务局（后来是土地管理局）继续管理联邦氦项目，直到 1996 年。

1925 年也是氦的其他用途首次被发现的一年。氦被发现在深海潜水中是氮的有利替代品。其可以防止海军潜水员患沉箱病（减压病）。使用氦可以让潜水员在水下停留的时间更长，上升到水面的时间更短。

由于美国矿务局处于美国氦工业的完全控制之下，他们立即继续寻找新的储量，并改进实验室工作以促进处理。第二次氦勘探（1919—1933 年）的结果是发现了三个新的富含氦的地区，其中一个将成为美国氦历史上最重要的储备，即得克萨斯州阿马里洛附近的克利夫赛德气田。所有其他富含氦的地区都来自私人资源，只有两个是位于政府土地上的富含氦的地区；第一个位于犹他州埃默里县，1924 年 3 月 21 日通过行政命令成为第一号氦储备，第二个位于犹他州格兰德县，1933 年 6 月 26 日通过行政命令成为第二号氦储备。

1927 年，当肯塔基州路易斯维尔的戈尔德公司在堪萨斯州的德克斯特和科罗拉多州的撒彻建立了两个工厂时，美国矿务局终于遇到了来自私营企业的竞争。1927 年 3 月，在科罗拉多州拉斯阿尼马斯县北部的莫德尔多姆发现了浅层含氦气体，其中含有超过 7% 的氦和 81% 的氮。由于 1927 年氦法案的通过，很少有氦可以在政府实体之外使用，这给私人资助的科学家们在 1926 年发现的氦气新用途的试验带来了问题。从 1927 年 10 月到 1930 年 2 月，这两个私人工厂继续生产了大约 800 万立方英尺的氦气。由于 1937 年通过的氦气法案，政府谈判购买了这两个工厂，后来在 1944 年被拆除。

阿马里洛的新时代

1924 年，得克萨斯州阿马里洛附近的克利夫赛德气田被发现，彼时，彼得罗利亚的天然气田已接近其使用年限，到 1927 年，美国明显不能再依靠彼得罗利亚来满足未来的氦气需求。事实上，氦供应被认为是稀缺的，1927 年 3 月 3 日颁布氦法案，禁止氦出售给外国和国内非政府使用。在矿务局找到另一个氦生产气田并满足政府的所有需求之前，1927 年通过的氦法案将持续 10 年，直到兴登堡灾难在莱克赫斯特发生，才改变了对国外出口氦配额的政策。

尽管得克萨斯州蒙塔古县附近的诺科纳气田被考虑为沃思堡工厂提供供应，以继续运营，但沃思堡工厂最终在 1929 年初关闭并拆除，而阿马里洛工厂开始运营（稍后讨论）。在它 8 年的使用寿命中，工厂生产了大约 4.8 亿立方英尺的氦气，在它的使用寿命接近尾声时，这种气体的价格仅为每千立方英尺 34 美元。

位于得克萨斯州波特县的克利夫赛德气田占地约 5 万英亩❶，平均含有 1.75% 的氦气。这个新发现气田的天然气产量很少。经过仔细的地质勘查，估计克利夫赛德气田含有的氦足够美国政府使用 100 年。矿务局于 1926 年开始谈判，从矿主（以及租用这些土地的两家公司）手中购买这片土地，到 1927 年，达成了一项占地 2 万英亩的经营合同，并可选择购买其余的 3 万英亩土地。1928 年 2 月开始钻探氦气，随后在 1928 年 7 月修建了一条从新工厂到新油井的管道。阿马里洛氦气厂位于小镇以西 7.5 英里❷处，1928 年 8 月开始建设，1929 年 5 月 6 日第一批 20 万立方英尺的氦气被运往弗吉尼亚州的兰利气田。氦气是用矿务局设计的两辆铁路氦气罐车中的一辆运输的。

虽然美国海军只有一艘飞艇在运行（"洛杉矶"号），但阿马里洛氦工厂也在全面运行。氦不再像 1927 年氦法案通过时那样是一种稀缺商品。1929 年 12 月，固特异齐柏林飞艇公司在俄亥俄州阿克伦开始建造美国最大的飞艇——ZRS-4，后来被命名为"阿克伦"号，将需要 650 万立方英尺的氦气。这么大的飞艇被投入使用证实了美国的信念，即氦气供应将持续存在。克利夫赛德气田和阿马里洛工厂可以生产足够的氦（图 5.5 和图 5.6）。

---

❶ 1 英亩 =4046.856 平方米。
❷ 1 英里 =1609.344 米。

图 5.5 "阿克伦"号停泊在森尼维耳市
来源：美国海军

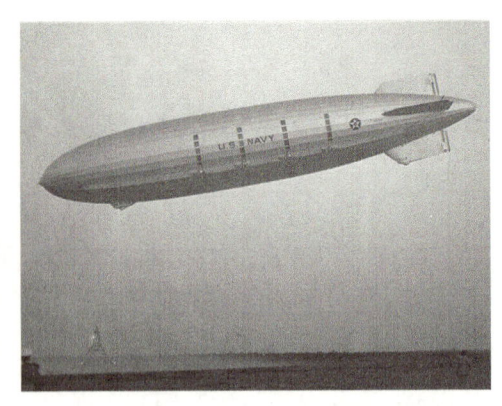

图 5.6 1933 年 6 月"梅肯"号到达拉斯特
来源：美国海军

对美国矿务局来说，20 世纪 30 年代初是一段苦乐参半的时期。就在几年前，阿马里洛氦气厂还能生产出数量惊人的氦气。为阿马里洛工厂供应天然气的 4 口井每天生产 3000 万立方英尺的天然气，每天生产超过 45 万立方英尺的氦气。

虽然运行得很顺利，但阿马里洛工厂和他们的工作人员将受到一个接一个的打击：1933 年 4 月 4 日，美国海军"阿克伦"号失事，造成 73 人死亡；随后她的姊妹船"梅肯"号在 1935 年 2 月 26 日失事，造成 2 人死亡。在这两起悲惨的事故后，政府对氦的需求突然停止。"阿克伦"号上的人员伤亡对飞艇计划的延续造成了严重的打击，但在"梅肯"号悲剧发生后，尽管海军上校查尔斯·E.罗森达尔（Charles E.Rosendahl，1879—1965 年）努力推动飞艇继续服役，但海军已经没有多少空间容纳飞艇了。因此，世界上最大的氦用途剩下了只需要很小的体积就可以填充的小型非刚性气球和观测气球。在 1935 年初失去"梅肯"号之后，阿马里洛氦工厂进行了裁员，在那一年剩下的时间里只能断断续续地运转。

失去"梅肯"号后，政府的氦气供应超过了政府的需求，因此决定向私营公司"租赁"氦气，以维持阿马里洛工厂的运转。尽管氦气租赁的想法似乎是不合理的，因为氦原子很容易移动，根据 1927 年通过的氦法案，政府的氦气不能出售给非政府实体。因此，双方达成了一项租赁协议。1936 年，富兰克林·D.罗斯福总统批准了一项租赁协议，将齐柏林飞艇租给固特异公司，供其商用飞艇使用。根据 1937 年的《矿物年鉴》，租赁氦气的目的是促进比飞机更轻的商用氦气的发展，并鼓励对飞艇飞行员的培训。除了用于飞艇外，氦还被供应给美国公共卫生服务部门，用于治疗哮喘和其他呼吸系统疾病，这些疾病都是由氦辅助的。氦气在呼吸系统疾病中的成功应用很快就代表了对它的巨大需求。

第 5 章 氦工业

到 1937 年初，1927 年通过的《氦法案》显然需要做出改变。氦的新用途迅速出现，美国陆军和海军并不需要阿马里洛氦工厂的产量。1937 年 5 月 6 日，新泽西州莱克赫斯特的兴登堡灾难发生后，尽管遭到了政府官员的批评，但他们仍然认为美国政府的氦气应该继续作为军事资产使用。如果德国人能够获得氦气，那么这艘船就会充满这种不可燃气体，从而挽救更多的生命。尽管如此，这一事件还是推动了 1927 年 3 月 3 日修订《氦法案》。

1937 年 9 月 1 日的《氦法案》在兴登堡灾难发生 4 个月后被批准，允许销售政府不需要的氦气。这一法案的提案在众议院和参议院被广泛修改，但它的通过最终导致了许多科学和商业行业对氦使用的爆炸式增长。该法案的通过允许非敌对的外国政府为自己的商业用途购买氦。该法案的"第一次世界大战后"部分如下：

> 氦气不得从美国的领土和属地出口，除非向国务卿提出申请，并在国家军需控制委员会的所有成员和内政部长的联合建议下，获得授权出口许可证；前提是，根据国家军需管制局和内政部长批准的有关氦出口的法规，上述法规中定义的不具有军事重要性且不超过其中规定的最高限额的氦出口出货量，可根据国务卿授予的许可而做出，而无须该等具体建议。这些规定不允许在任何外国积累具有军事重要性的氦。

第一个申请 1800 万立方英尺氦气的政府是德国，他们比以往任何时候都需要氦气，因为他们想要向德国公众保证飞艇旅行是安全的。德国的氦气需求被计划用来填充商业飞艇——当时正在建造的 LZ-130。

1937 年 11 月，政府批准将这些氦气出口到德国。1938 年 1 月中旬，德国货轮"德绍"号被派往得克萨斯州休斯敦港口接收这些氦气。然而，由于罗斯福总统的内阁中有一个人反对，即美国内政部长哈罗德·勒克莱尔·伊克斯（Harold LeClair Ickes，1874—1952 年），导致德国的这艘船无法获得氦气。尽管罗斯福总统认为，由于先前的授权，他有义务向德国出售这些氦气，但伊克斯对德国深感怀疑，他坚持不让任何氦气离开美国海岸。伊克斯在禁止出售的过程中遭到了强烈的反对。1938 年 4 月 27 日，美国战争部长哈里·海恩斯·伍德林[1]（Harry Hines Woodring，1890—1967 年）写信给伊克斯：

> 本部认为，国会通过《氦法案》的意图是，美国知道氦是一种天然商品，其资源大大超过其国内需求，出于人道主义原因，氦本身并不是

---
[1] 哈里·海恩斯·伍德林于 1931—1933 年担任堪萨斯州州长，1936—1940 年担任罗斯福总统任内的美国战争部长。

一种武器，而仅仅是一种商品，在与某些类型的飞机使用时具有一定的价值。在这方面，当用于飞机或坦克轰炸时，它可与汽油等其他商品相媲美。氦在军事上的唯一用途是为比空气轻的飞行器充气。这种飞行器的军事价值，除了可能是捕获的观察气球之外，从来没有在这个国家或国外确定过。另外，比空气重的飞机的军事价值已经明确确立。后者日益提高的效率和广泛的使用正使其取代空中行动的所有其他手段。陆军部已经明确放弃了在军事行动中使用飞艇的想法……氦的军事价值明显在下降，而氢是高度易燃的，它更大的浮力给飞船增加了升力和更大的机动性。尽管氦不易燃，但这两种气体中哪一种对军事行动更有价值仍然存在争议。然而，抛开膨胀剂不谈，比空气轻的飞行器在炮火面前非常脆弱，摧毁它们相对容易。

尽管美国政府成员包括罗斯福总统多次努力争取允许出售，但他没有法律权力绕过部长进行裁决，伊克斯根本不会让步，他说："如果氦没有军事重要性，为什么我们自己的海军授权齐柏林飞艇？" 1938 年 11 月 1 日，1800 万立方英尺的配额到期。1938 年初就停泊在休斯敦的"德绍"号只能在 12 月中旬空手返回德国。在 1939 年 9 月德国入侵波兰后，伊克斯觉得自己的决定是正确的。

在 1938 年的氦气争议期间，美国矿务局继续向美国私营企业供应氦气，通过 20 个私营合同出售了 80 多万立方英尺氦气。为了推广氦的私人使用，该局以略高于生产成本的价格向预付费客户出售氦。医疗和科研用户的价格稍低。到当年年底，联邦氦局又一次完全垄断了氦工业，1938 年 11 月 3 日，联邦氦局从格德勒公司手中收购了堪萨斯州德克斯特和科罗拉多州撒彻的地产。

在 1938 年，仅为公共使用的 11.7 万立方英尺中的大部分将用于治疗哮喘的医疗设施。使用氦气与氧气混合治疗哮喘（和其他呼吸系统疾病）的方法是由美国医生阿尔文·L. 巴拉赫（Alvan L. Barach，1895—1977 年）发明的，他的使用取得了巨大的成功。1938 年的《矿物年鉴》对氦的使用进行了最好的描述：

> 氦有助于治疗哮喘、喉炎或白喉，因为喉炎或白喉会导致气管狭窄。气体通过狭窄的孔时，需要有一定速度的压力，这个压力与气体重量的平方根成反比。因此，呼吸空气需要的力气大约是呼吸氦氧混合物的两倍。由于过去氦气价格昂贵，一些哮喘患者因缺乏氦气治疗而死亡。在有氦供应的地方，没有一个病人死亡，五例通常被归类为"致命"的病例通过使用氦恢复了正常。这项工作已经被梅奥诊所和勒西诊所证实。

第二次世界大战

1939年美国财政年度（1938年7月1日—1939年6月30日❶），私营部门对氦气的需求增加到100多万立方英尺，相当于近30份合同，所有这些合同都是由阿马里洛氦气工厂供应的。尽管这些私有的氦气大部分会送到固特异轮胎橡胶公司用于填充气球飞艇，但超过1/4的供应用于医疗和科学用途。这一年，联邦政府将供应超过520万立方英尺的氦气。

1939年秋末，在海军"角鲨"号（SS-192）潜艇的打捞工作中，显示出了氦在深海潜水中的重要性，这一发现使氦在深海潜水中的应用受到了赞誉。在1939年5月23日的一次潜水测试中，"角鲨"号出现了阀门故障，部分进水，沉入240英尺深的海底。海军进行了大规模的救援工作，在混合气中用氦气代替氮气，以便在深水中进行更长时间的潜水。4名潜水员因营救32名海军水兵和1名平民而获得荣誉勋章。负责这次行动的军官是查尔斯·鲍尔斯·莫森（Charles Bowers Momsen），他领导了海军的潜水实验小组。正是莫森用氦气取代氮气的新型减压表使这次任务成功。❷氦气是唯一可以让这些潜水员在这些深度停留很长一段时间而不发生氮气麻醉（减压病）的气体（图5.7）。

图5.7　美国海军"角鲨"号
来源：美国海军

---

❶ 1976年以前，美国的财政年度是7月1日至6月30日。
❷ 2000年，海军部长宣布以海军中将查尔斯·鲍尔斯·莫森的名字命名第42艘阿利·伯克级导弹驱逐舰。"莫森"号于2004年8月28日在佛罗里达州巴拿马城服役。

1939 年 9 月德国入侵波兰后，但在美国参与战争之前，美国军方对氦的需求终于开始增长，并超过了阿马里洛氦工厂的产能。1941 年中期，人们注意到氦对国防计划的重要性，并拨款扩建阿马里洛氦工厂，寻找更多的氦资源。海军（和其他政府机构）曾估计，氦的需求量可能达到每年 5000 万立方英尺，因此需要迅速扩大现有的氦作业。阿马里洛氦工厂的扩建每年最多将提供 3600 万立方英尺的氦气，远远低于估计的需求。需要另一个工厂来弥补这一短缺。

没过多久，矿务局就确定了政府的下一个氦源。1941 年，国会额外拨款 125 万美元，用于在得克萨斯州马斯特森小镇附近建设一个新的政府工厂——埃克塞尔工厂，该工厂将处理潘汉德尔气田西南部分的天然气，平均含有 1% 的氦气。这个工厂的生产将在 1943 年完成，将能够每年额外供应 2400 万立方英尺的氦。1941 年全年，美国海军对氦的需求已经超过了 270 万立方英尺，也许它最大的"新"需求是镁焊接，这为飞机制造提供了卓越的焊接技术。使用氦进行焊接提供了一种惰性环境，以防止焊缝内受到大气空气的污染。

1941 年 12 月美国参战，4 个月后政府确定他们的氦需求量将达到每年 1.3 亿立方英尺，在一年的时间里增加了 160%。到次年 6 月，他们估计的需求量增加到每年 2.3 亿立方英尺。阿马里洛氦工厂和埃克塞尔工厂的总产量每年只有 6000 万立方英尺，埃克塞尔工厂直到 1943 年才建成。显然，需要更多的氦资源和生产氦气的设备。

战争初期，新墨西哥州希普罗克峰（纳瓦霍人保护区）附近的响尾蛇气田被发现含有一种巨量的不燃高压气体，这种气体含有超过 7.5% 的氦气。迄今为止发现的氦气浓度最高的只有接近 2%。当发现不可燃气体时，大陆石油公司已经钻了 6950 英尺，决定封堵该井。在 1942 年 7 月 1 日收到气体分析报告后，政府与矿务局签订了一份合同，由矿务局承担该气田及相关租赁的财务责任。尽管大陆公司在钻探这口井上花费了超过 10 万美元，但矿务局仅花 1 美元就获得了这口井和 7800 英亩租赁土地的所有权。考虑到战时对氦的巨大需求，响尾蛇气田被认为是一个巨大的发现。

在新工厂破土动工后不到 10 个月，埃克塞尔工厂于 1943 年 3 月 13 日开始运营，但难以及时满足日益增长的军事需求。这家工厂的供气来自潘汉德尔气田的强尼地区（摩尔、波特、奥尔德姆和哈特利县），那里的氦气浓度平均 1%。1943 年 7 月，两个工厂的产量都达到了 1200 万立方英尺，超过了他们每月 800 万立方英尺的额定产能。虽然还不足以满足军事需求，但已批准在堪萨斯州的奥蒂斯和坎宁安以及新墨西哥州的希普罗克再建三座工厂，以加工这些地区的富氦气体。该工程于 1943 年初开工。

这三个额外工厂的增加将在它们连续开工后立即促进美国的氦生产。三个工厂中第一个投入生产的是堪萨斯州的奥蒂斯工厂，它于 1943 年 10 月投入生产。坎宁安工厂于 1944 年 1 月投产，希普罗克工厂于 1944 年 3 月投产。随着这些新工厂的投产，在 1944 财政年度（1943 年 7 月 1 日—1944 年 6 月 30 日）生产了超过 1.37 亿立方英尺氦气，比 1939 年增长了 220%。

1945 年第二次世界大战结束时，由于美国矿务局的迅速行动，美国军方获得了足够的氦以满足所有战时需求。氦在第二次世界大战中的作用被证明是一种极其重要的资源。海军少将查尔斯·E. 罗森达尔（Charles E. Rosendahl）对氦密度比空气小的特性做了最好的描述："在第二次世界大战中，总共有 89000 艘水面舰艇被小型飞艇护航，没有一次输给敌方潜艇。其中，有 5 万人在当时已知的 U 形潜艇存在的地区。"在战争期间的其他用途，如前所述，将远远超过氦气作为一种浮升介质在未来几年的使用。在内政部长写给众议院议长小约瑟夫·马丁的信中，以下文字强调了氦的重要性：

> 氦在刚刚结束的战争中发挥了非常重要的作用，尽管鲜为人知。充满氦气的飞艇是应对威胁大西洋航道的敌人潜艇极其有效的武器。氦使焊接工艺的使用成为可能，促进了镁和其他金属的制造。最后，氦被用于原子能的生产。当然，这种用途是保密的。

在新墨西哥州洛斯阿拉莫斯的曼哈顿计划中，很少有人知道氦在原子弹的制造中扮演了如此重要的角色。没有氦，就不会有原子弹。

产业大爆发

到战争结束时，氦的需求急剧下降，导致只有埃克塞尔工厂在运作。从 1944 年 3 月开始，希普罗克工厂仅运行了 18 天，由于需求减少，工厂处于待机状态，等待进一步通知。堪萨斯州的坎宁安工厂在 1945 年 7 月被拆除，因为供应这个工厂的气田不足以保证其运作。最后，奥蒂斯工厂在接下来的一个月处于待命状态。

由于战争快结束时所有的工厂都在运转，此时氦的需求正在减少。1945 年 1 月，矿务局开始了一项氦保护计划，将剩余的氦注入克利夫赛德气田。1945 年 1 月至 6 月 30 日，在坎宁安工厂和奥蒂斯工厂停产之前，超过 2000 万立方英尺的氦被注入了克利夫赛德气田。正如摩尔几年前设想的那样，一座独一无二的地下储氦库建成了。

尽管在20世纪40年代末，只有埃克塞尔工厂一直在运行，使得氦在克利夫赛德气田中一直被保存下来。到1947年底，地下已经注入了6900万立方英尺。有更多的氦供应给非政府用户，1948年供应了1600万立方英尺。

1949年，在液氮温度下使用活性炭，获得了99.95%（A级）纯氦，这是迄今为止生产的最高级别氦气。1949年以前，纯度只能达到98.3%。1949年，埃克塞尔工厂生产的氦几乎有一半是A级氦。这种纯度的氦非常有效地为电弧焊接创造了一个纯净的环境，在这里，微小的杂质都有可能破坏焊缝的完整性。

1949年末到1950年初，氦的需求开始增加，埃克塞尔工厂的产能就可以满足。然而，到1950年中期，由于A级氦气的生产及其焊接的实用性，对氦气的需求飙升了近50%。供应冲击促使阿马里洛氦工厂在1950年8月重新开始运营，在堪萨斯州的奥蒂斯工厂准备重新开始运营之前填补缺口。奥蒂斯工厂于1951年3月开始运作，而希普罗克（响尾蛇气田）新墨西哥工厂将继续处于待命状态，尽管由于朝鲜战争（1950—1953年）政府增加了产量。

埃克塞尔、奥蒂斯和阿马里洛工厂继续运营，直到1953年需求的进一步增长要求希普罗克（响尾蛇气田）工厂重新启动。随着四个工厂在1954年全部投入运行，每年生产了超过1.9亿立方英尺的氦，同时也开始从克利夫赛德气田抽取一些保存氦。在这一年中，矿务局注意到另一种含氦气体的重要来源，这种气体含有将近2%的氦气。

俄克拉何马州西马伦河县的凯斯气田，主要由科罗拉多州际天然气公司控制，蕴藏着巨大的天然气储量，其可行性研究很快在1954年8月获得批准，以确定其潜力。凯斯气田的主要问题是其含氮量高，如果天然气要供应给消费者，就需要将其去除。因此，需要一个合资企业来分离凯斯气田中两种有价值的产品，即甲烷和氦气。

1955年夏天，由于天然气生产过程中水的侵入，响尾蛇气田无法继续开采，这是美国氦气项目中最令人失望的事情之一。在最初的发现中，矿务局的工程师认为响尾蛇气田矿区含有大约8亿立方英尺的氦气。1944年3月，只用了18天响尾蛇气田就被置于待命状态。工厂处于待机状态意味着纳瓦霍保护区将不会从他们土地上的氦生产中获得特许权使用费。经过持续的谈判，纳瓦霍保护区和内政部达成了一项协议，政府将根据计算出的总储量预付特许权使用费，以便工厂和油井可以在需要时备用。因此，从1953年开始全面生产到1955年中期结束的响尾蛇气田❶，只生产了4200万立方英尺的氦气，远低于计算的8亿立方英尺的

---

❶ 1955年夏天，响尾蛇气田关闭后，人们进行了大量的工程研究，以保持该气田的活力。1956年，它甚至被认为是一个"保护"领域。到1957年9月，通过对气井的改造，人们认为响尾蛇气田可能无法开采出可开采的天然气。

储量。1955 年 7 月，响尾蛇气田的政府氦工厂随着附近的郝柏科气田（新墨西哥州）的一个私人气井的增加而再次开始短暂地运作。

1955 年的氦需求虽然得以满足，但仍急剧上升。矿务局认识到，由于生产没有与政府的计划相联系，大量的氦被浪费了。对 A 级氦气的需求很快达到了关键阶段，拨款 600 万美元扩建埃克塞尔工厂，每年增加 1.5 亿立方英尺的氦气产能，计划于 1957 年 4 月投入生产。

在接下来的几年里，不断上升的需求加大了克利夫赛德气藏的开采，以缓冲不足的生产。1957 年，产量为 2.91 亿立方英尺，而其中 2200 万立方英尺从克利夫赛德气田开采，只剩下 2400 万立方英尺的储量。埃克塞尔工厂在 1957 年 6 月 2 日的扩建比原计划晚了两个月。此外，在堪萨斯州奥蒂斯附近发现了一个新的含氦气体来源，这有助于缓解一些供应问题。尽管产量增加了，但需求远远超过了供应，因此矿务局建立了一种"非正式"的分配系统，只允许"重要目的"用户获得产品的优先购买权。于是建立了一个氦分流单元。到了 1958 年，纽约梅西百货的感恩节游行都没有氦气给气球充气，只好用空气填充。

随着科罗拉多州际天然气公司的谈判变得可行，1958 年 4 月签订了一份合同，获得了从该公司拥有的天然气中提取氦气的独家权利。1958 年 8 月交付了 1800 万美元的拨款，用于在俄克拉荷马州的凯斯建设一个新工厂。洛杉矶的福陆公司获得了该合同，并在年底开始建设这个价值 1200 万美元的工厂。

在与科罗拉多州际天然气公司签订凯斯气田氦气合同（1958 年 4 月）一个月后，一项保护政策被提出以管理矿务局面临的供应问题。据估计，每年有 40 亿立方英尺的氦气流失，特别是从雨果顿气田流失的氦气。雨果顿气田横跨得克萨斯州狭长地带，一直延伸到堪萨斯州西南部。尽管该气田的氦气含量只有 1% 或更低，但这种气体也有足够高的市场价值，因此就在打开炉子烧水时，氦气就被浪费了。该保护政策旨在鼓励私营企业参与建设和管理新的氦工厂，以处理通常会被浪费的氦。到 8 月，保护法案被提交给国会修改 1937 年的氦法案。人们希望这样一项法案将节省 500 多亿立方英尺的珍贵商品。

1959 年 8 月，在开工仅 9 个月后，凯斯工厂投入运营，严重的氦短缺突然结束。供应变得如此丰富，事实上，到 1959 财政年度结束（1960 年 6 月 30 日），该局能够在克利夫赛德气田储存 1.08 亿立方英尺。此外，新墨西哥州的希普罗克工厂在 7 月恢复了生产，亚利桑那州的平塔新发现的一个大气田在浅层地层（80~1200 英尺）中含有 8% 的氦气（和 90% 的氮气）。平塔·多姆气田的运营商克尔-麦吉石油公司自 1937 年开始建设，是格德勒工厂被收购以来的第一家私人工厂。然而，亚利桑那州的额外工厂和储量并没有被认为对预测的氦气需求有足够的影响。

1960 年的氦法案

尽管被审议长达两年，氦保护法案还是于 1960 年 9 月 12 日由国会和艾森豪威尔总统批准，并于 1961 年 3 月 1 日生效。1960 年 10 月，有 14 家不同的公司要求私人参与新的保护计划。新法案的条款将使美国政府能够从私营的氦工厂购买氦气（根据合同），并将其储存在美国政府的克利夫赛德气田以供未来使用。进一步的 A 级氦提纯将在政府的埃克塞尔或凯斯工厂进行。

1960 年的法案允许内政部（从美国财政部）每年借款 4750 万美元，根据 22 年的无条件支付合同，从私人来源购买氦。❶ 使用固定价格，保护计划被设计成完全自给自足和自我清算，以支付所有运营成本、氦成本和财政部贷款的利息。据估计，到 1985 年，矿务局可以储存 520 亿立方英尺的氦气，从而解决长期的氦气需求问题。《氦法案》第 15 条规定：

> 国会认为，促进和鼓励个体企业开发和分配氦的供应符合国家利益，同时，通过本法案的管理，在经济范围内提供持续的氦供应，加上预计将在其他方面提供的供应，将足以提供 40 项中央政府活动的需求。

乍一看，这个计划很简单。在美国矿务局购买了粗氦后，这些氦气将进入克利夫赛德气田进行储存，其中一些氦气将由政府的氦气厂进行处理，以生产 A 级氦气。为了完全偿还国债，该局出售氦的批发价从每千立方英尺 19 美元（联邦客户 ❷）提高到每千立方英尺 35 美元。这次提价的目的是在 25 年内还清氦的债务，实际上使氦的价格翻了一番。该局还将维持政府对氦生产的垄断，因为合同上的氦气生产方（按合同）不能向最终用户出售任何商用氦。但是，没有与矿务局签订合同的任何私人工厂都可以出售给任何第三方。主席团对该法案通过的主要（且有缺陷的）提案是：

（1）美国生产的所有氦都将由联邦政府购买和出售。
（2）联邦和私人需求都将继续上升。

1961 年中期，首批 5 座核电站被授予 4 家不同的公司，并立即开工建设。合同授予：

---

❶ 供应商和购买者之间形成了无条件支付的合同。在该合同中，买方可以从供应商那里拿走产品，也可以在不拿走产品的情况下向供应商支付贷款。无条件支付的合同在能源行业很常见，尤其是天然气产品。

❷ 1960 年，联邦政府消耗了 75% 的氦气。在 1960 年法案之前，为私人聚会规定的价格为每千立方英尺 15.50 美元。

（1）北方氦公司（北方天然气公司的子公司）于1961年8月15日被授予一份位于堪萨斯州布什顿的合同。

（2）城市服务氦有限责任公司（城市服务公司的子公司）于1961年8月22日被授予一份位于堪萨斯州尤利西斯的合同。

（3）国家氦公司（Panhandle东部管道公司与国家蒸馏器和化学公司的子公司）于1961年9月13日被授予一份位于堪萨斯州利贝拉尔（Liberal）的合同。

（4）菲利普斯石油公司于1961年11月13日获得了两个位于得克萨斯州杜马斯和谢尔曼县的工厂合同。

为了将这些私人工厂与储存粗氦的克利夫赛德气田连接起来，矿务局于1961年9月承包了一条价值800万美元、长达450英里的管道，计划于1962年7月投入使用。沿着这条管道的工厂将首先从天然气流中提取氦气，然后将不含氦气的天然气返回给公司，销售给公司的客户。

位于堪萨斯州布什顿的北方氦公司和位于得克萨斯州谢尔曼县的菲利普斯石油公司是最早于1962年12月投产的两家保护工厂，在年底前向政府管道输送了超过200万立方英尺的粗氦。其他三个工厂在1963年投入生产，最大的是国家氦公司的利贝拉尔合同，堪萨斯州的工厂被设计为每天生产580万立方英尺的氦。矿务局为他们的粗氦支付的价格为每千立方英尺10.30~11.78美元。

1962年11月，位于亚利桑那州平塔·多姆的克尔-麦吉石油公司的私营工厂上线，成为唯一一家与联邦政府在销售氦方面没有任何合同的公司。克尔-麦吉石油公司生产的氦最终被美国西海岸的非政府用户所使用。

另一个美国以外的资源，代表着第一个非美国的气藏❶在萨斯喀彻温省西南部的斯威夫特柯伦特镇附近被发现。1958年10月钻探的发现井（B.A.Wilhelm # 1-9）显示，氦含量为1.9%，残留的主要是氮（96.6%的氮）。加拿大氦有限公司（由英国氧气公司"BOC"和液化空气公司组成）在1963年12月建成了一个年生产能力为1200万立方英尺天然气的小工厂。德士古公司在加拿大萨斯喀彻温省的伍德山❷（1.38%氦）地区的另一个发现，加上斯威夫特卡伦特市储量被认为可以满足加拿大到2000年的所有需求。斯威夫特卡伦特市工厂在运行了14年后，于1977年永久关闭。伍德山将不再生产氦。

1960年的法案增加了美国的氦气消耗，导致大量的粗氦被注入克利夫赛德气田。尽管政府的需求在迅速增长，特别是由于国家的太空竞赛，但矿务局收取的每千立方英尺35美元的价格已经足以引起私人竞争，以较低的成本生产和销售

---

❶ 人们相信苏联拥有自己的氦气资源，能够满足俄罗斯的所有需求。
❷ 萨斯喀彻温省伍德山项目由韦伊氦有限公司投入生产。

A级氦气。堪萨斯州提纯氦气公司的工厂将从堪萨斯州拉什县的雷赫尔气田生产1%~2%的氦气，设计年产量为1.8亿立方英尺。1966年，阿拉莫化学公司和加德纳低温公司在堪萨斯州的埃尔克哈特建立并运营了另一家私营工厂，用于处理科罗拉多州东南部/堪萨斯州西南部格林伍德气田的天然气。

到1967年，三家能够生产A级氦气（气态和液态）的私营工厂（纳瓦霍、奥蒂斯和埃尔克哈特）向商业用户出售氦气，价格远低于管理局每千立方英尺氦气35美元的价格。根据1960年氦法案的条款，所有政府机构都必须以每千立方英尺35美元的价格从矿务局购买氦。20世纪60年代末，由于政府削减与越南战争有关的开支，政府的需求开始下降。此外，1967年1月，"阿波罗1号"在肯尼迪角（后来的卡纳维拉尔角）发生火灾，造成3名宇航员死亡，这极大地减少了美国国家航空航天局在这一年剩下的时间里对氦的需求。几乎所有供应给非政府用户的氦都是从3个私营氦厂购买的。为满足加拿大的需求，萨斯喀彻温省的斯威夫特卡伦特市工厂也将年产能扩大到3600万立方英尺（其中一些气体被出口到日本和其他亚洲国家）。

所有的5个政府拥有的氦工厂都在1968年开始运作，但由于储量减少和相关的高成本，堪萨斯州的奥蒂斯工厂在1968年4月停止运作，新墨西哥州的希普罗克工厂的所有权在1968年7月转移到纳瓦霍工厂。在这一年里，还有4个私营工厂投入生产，总共有16个工厂生产粗氦和A级氦气。城市低温服务公司在堪萨斯州斯科特市建立了一个粗氦工厂，该工厂利用一条私人管道将粗氦输送到该公司在堪萨斯州尤利西斯的工厂，在那里将其进一步提炼为A级（城市服务公司在这一年里在尤利西斯安装了一个净化和液化设施）。其他3家私营工厂，包括亚利桑那州的两家和得克萨斯州的一家（阿马里洛），也在年底前开始运营。1968年，有7家私营氦工厂在运营，除了政府机构外，任何买家都不会倾向于从矿务局购买每千立方英尺35美元的氦气。1960年法案规定的每千立方英尺氦气35美元的定价没有考虑到技术进步，因为技术进步使私营公司有机会提供更低的价格。

到1969年底，氦气的销量持续显著下降，1966年氦气的销量达到顶峰。但在1969年底尽管出口增加到大约6000万立方英尺，4家私人工厂的运营还是停止了。亚利桑那州3家私营工厂和林德阿马里洛新工厂要么被废弃，要么停产。第二年，自1929年开始运转的阿马里洛氦工厂于1970年4月15日关闭。该设施的一部分仍用于装载较小的氦气罐。

保护合同终止

20世纪70年代初，美国对外国的氦出口急剧增加。从1970年到1971年，出口增长了130%。自1963年加拿大进入氦市场以来，国外的氦需求最终导致国外氦提取设备的出现。在波兰发现了一个氦含量为0.4%的气田，并在1971年底签订了设计工厂的合同（波兰的欧达拉脑工厂于1977年投产）。同年，法国巴黎附近的另一家工厂每年生产700万立方英尺氦气。

尽管国外对氦气的需求旺盛，但美国在20世纪70年代初遭遇经济放缓，国内氦气销量继续下滑。此外，财政部降低了对内政部的借款拨款，这导致了对环保工厂的付款延迟（这在1970年12月引发了北赫莱克斯公司因违约而提起的诉讼）。没有了联邦政府对氦的大量需求，到1970财年末，美国矿务局的氦项目债务负担增加到2.1亿美元。由于私营氦生产商成本较低和政府需求较低，1961年的预期收入在1970年大约短缺1.2亿美元。❶私营生产商能够以每千立方英尺氦气大约21美元的价格向私人终端用户出售A级氦气，这一售价比政府（每千立方英尺）低14美元。

很明显，内政部不能继续执行1960年建立的保护计划。正如前矿务局局长约翰·F. 奥利里（John F. O'leary）所说："这个项目简直就是在浪费钱，就是这么简单。"

1971年1月26日，内政部长决定，为了实现美国氦计划的目标，保护计划不再是必要的。政府的工厂已满足了政府对氦的所有要求，这意味着1960年法案的主要目的已得到满足。1960年的法案中写道：持续的氦供应，加上预期的供应，将足以为政府提供必要的需求。自保护计划开始以来，总共有285亿立方英尺的粗氦被储存在克利夫赛德气田，因此，该法案的解释是"足以提供必要的政府活动"。四家法律保护性公司接到通知，他们的合同将于1971年3月28日终止。

保护合同的终止将引发一系列的诉讼，包括受合同终止直接影响的四家公司，以及将不再收取氦气开采特许权使用费❷的土地所有者。保护性公司估计损失约为3.75亿美元，他们认为政府应该对此负责。尽管经过了两年的法律争论，矿务局

---

❶ 与1967年的68.4万立方英尺相比，1970年的联邦销售量为26.4万立方英尺。
❷ 在其土地上拥有矿产权的土地所有者就其土地上生产的任何产品免费获得协商后的特许权使用费。在许多情况下，土地所有者（地表所有者）并不拥有地表下的矿产权，因此无权获得特许权使用费。只有矿主才能获得特许权使用费。在联邦土地上，美国政府拥有矿产，也有权获得特许权使用费。

还是在 1973 年 11 月 12 日停止接收氦，从而正式终止了保护合同。这一合同终止将导致每年由于排放或浪费在燃料气体燃烧而损失 22 亿立方英尺的氦气。为了防止宝贵的氦气的浪费，矿务局在 1975 年使用克利夫赛德气田储存氦气，并收取保管费。1975 年 9 月，北方氦公司是第一个利用这种安排的公司，每年储存大约 6 亿立方英尺的氦。

从 20 世纪 70 年代中期到 20 世纪末，美国不再是世界上唯一的氦出口国。虽然氦含量很低，但在法国巴黎附近建立了新的生产设施，并在波兰的欧达拉脑建立了一个新的设施，于 1977 年投入使用（欧达拉脑的设施至今仍在使用）。俄罗斯奥伦堡的另一家小型工厂也于同年投产。20 世纪 60 年代末和 70 年代，随着美国出口的持续增长，低浓度氦气的经济开采变得可行，因为要处理的气体数量很大。萨斯喀彻温省的斯威夫特卡伦特市工厂由于水侵❶和储量耗尽，于 1977 年停产。

在美国，由于储量减少，亚利桑那州的克－麦吉纳瓦霍工厂于 1976 年关闭，但在亚利桑那州阿帕奇县新发现的迪内－拜克亚气田发现了新的氦资源，估计含有 13 亿立方英尺的可回收氦。此外，由联合碳化物公司（现在的普莱克斯）开发的一个大型（1979 年世界上最大的）氦气净化厂于 1979 年在堪萨斯州的布什顿投产，用于处理北方氦公司的粗氦。虽然私营氦气生产商取得了巨大的进展，但到 1976 年 7 月 1 日，联邦政府欠下的氦债达到惊人的 4.12 亿美元（和 2400 万美元的利息），仅靠政府销售氦的 100 万美元净收入偿还。

20 世纪末，美国氦工业发生了继堪萨斯州雨果顿气田之后最重要的事件，那就是美孚石油公司在怀俄明州萨布莱特县发现了蒂普拓普气田。该气田于 1962 年被发现，但由于天然气成分不佳（66% 的二氧化碳、21% 的甲烷和 5% 的硫化氢），该气田一直处于关闭状态。氦气含量（平均）为 0.6%，比雨果顿大气田的氦气含量高，估计该气田可回收的氦气超过 420 亿立方英尺。由于这一发现，该气田的开发商和加工厂的制造商美孚公司（后来的埃克森美孚公司），成为自 1986 年开始生产以来美国最大的单一生产商。

1978 年，美孚开始钻探蒂普拓普气田，目的是开采甲烷，但为了使天然气上市，需要进行大量的处理。首先要去除一种有剧毒的气体——硫化氢（H_2S），然后是二氧化碳，最后是氦气，然后才能出售甲烷获利。当时，该地区还没有用于提高石油采收率的二氧化碳的市场❷，这意味着所有的非可燃气体（包括二氧化碳）都在处理过程中排放到大气。埃克森美孚与联邦政府（埃克森美孚气田位于联邦

---

❶ 在许多情况下，在油田生产寿命接近尾声时，越来越多的水从地层中排出，取代了天然气。当这种情况发生时，水井通常会被堵塞，因为将水和天然气分离的成本超过了天然气销售的收入。

❷ 提高采收率是一种通过向油田侧翼注入二氧化碳（或氮气）来降低石油黏度，使其"流入"生产井中，从而提高石油产量的方法。许多使用二氧化碳来提高采收率的油田能够提取大量的额外储量，否则这些储量将无法生产。

土地上，矿区使用费归美国政府所有）从20世纪80年代初就开始进行氦气开采的谈判。

从联邦土地中提取的氦，根据1920年的《矿物租赁法》要求，所有在联邦土地上发现的氦必须以规定的价格出售给美国政府。这项1920年的法案是在第一次世界大战后不久制定的，当时氦气仍被认为具有极端的军事重要性。第3A章第181节第一分章内容摘录如下：

> 美国保留从根据本章规定租赁或以其他方式授予的土地生产的所有气体中提取氦气的所有权和权利，并根据内政部长所规定的规则和条例；此外，在从上述土地生产的天然气中提取氦气时，其提取方式应不造成从该井生产的天然气交付给买方的重大延迟。

因此，在联邦土地上生产氦的可能性是不存在的，除非天然气的价格高到值得开采。经过多年的谈判，埃克森美孚公司与美国矿务局签订了一份合同，并于20世纪80年代初开始在怀俄明州林肯县的舒特克里克工厂建设氦提取和净化工厂。舒特克里克的氦生产始于1986年10月，日产150万立方英尺氦气（折合每年5.4亿立方英尺氦气）。

到20世纪80年代末，政府对氦工业的参与变得无关紧要，推动该工业私有化的努力开始了。尽管有许多因素促使政府不再参与氦的使用，但私人使用远远超过政府使用的情况肯定起到了很大的作用（回想1960年法案颁布时，75%的氦是由联邦政府消耗的）。1986年1月28日，当"挑战者"号航天飞机失事时，美国国家航空航天局的要求急剧下降，这意味着政府的要求更少。因此，到1987年，管理和预算办公室（OMB）确立了政府不应再参与氦生产的想法。有问题的主要资产是顽固的美国矿务局埃克塞尔工厂，自1943年以来一直在运行。然而，在1988年，众议院拨款委员会禁止出售该工厂。还需要对政府的氦资产和业务进行进一步的尽职调查研究。到20世纪80年代末，美国矿务局获得的A级氦气的价格与私营企业获得的价格接近，约为每千立方英尺37美元。

扩展阅读

Almqvist，E. History of Industrial Gases. Springer，Berlin（2003）

Amending the Helium Act as Amended，U.S. House of Representatives，75th Congress，1st Session，Report No. 1540，13 August 1937

Anania, P.V. Mergers and acquisitions in the U.S. industrial gas business, part II—the major industry shapers. Cryogas Int. 46–49 (2006)

Anderson, C.C. The government's helium projects in Texas. Pet. Eng. 102–105 (1932)

Anderson, C.C., Hinson, H.H. Helium-bearing natural gases of the United States. Bulletin No. 486, U.S. Bureau of Mines (1951)

Arkharov, A.M. Helium: history of its discovery, technology of its liquefaction, areas of its applications. Chem. Pet. Eng. 31 (1–2), 50–60 (2004)

Associated Press. World's Biggest Helium plant is Dedicated in Kansas. New York Times, 25 Sept (1963)

Austerweil, G. Die angewandte Chemie in der Luftfahart, München und Berlin, pp. 8–9 (1914)

Authorizing Production of Helium by Government Plants and Regulating and Restricting Helium Exportation, U.S. House of Representatives, 75th Congress, 1st Session, Report No. 1377, 28 July (1937)

Beebe, R.R., et al. The Impact of Selling the Federal Helium Reserve. National Academies Press, Washington, DC (2000)

Broadhead, R.F. Helium in New Mexico—geologic distribution, resource demand, and exploration possibilities. New Mex. Geol. 27 (4), 93–101 (2005)

Brooks, K. Huge processing center extracts helium and light ends. Oil Gas J. 26, pp. 70–76 (1963)

Cady, H.P. Helium as a balloon gas. Trans Kansas Acad. Sci. 30, 212–214 (1903)

Cady, H.P. Beginnings of the Helium industry. Ind. Eng. Chem. 30 (8), 845–847 (1938)

Cady, H.P., McFarland, D.F. The occurrence of helium in natural gas. J. Am. Chem. Soc. 29 (2), 1523–1536 (1907)

Cady, H.P., McFarland, D.F. The composition of natural gas, with special study of the constitution of kansas gases. Kansas Geol. Surv. 9, 228–302 (1908)

Cady, H.P., McFarland, D.F. Helium in kansas natural gas. Trans Kansas Acad. Sci. 20, 80–81 (1903)

Cady, H.P., McFarland, D.F. Helium in natural gas. Science 24 (611), 344 (1906)

Cattell, R.A. Helium-the wonder gas. Sci. Mon. 69 (4), 222–228 (1949)

Chasteen, K., 1960's will be Hugoton's decade. Oil Gas J. 58 (14), 162–166 (1960)

Cook, S.J. Canadian helium investigations. Ind. Eng. Chem. 16 (8), 868 (1924)

Cook, E. The Helium question. Science 206 (4423), 1141–1147 (1979)

Compton, A.H. What the atom looks like. Sci. Mon. 33 (6), 550–552 (1931)

Congressional Hearing, House Resolution 12376, Exportation of Helium Gas, Hearing before the Committee on Interstate and Foreign Commerce of the House of Representatives, SixtySixth Congress, Government Printing Office (1920)

Congressional Hearing, Helium Gas, House Resolution 11549, Committee on Public Lands. House of Representatives, 5 Dec 1922

Congressional Hearing, Conservation of Helium Gas, House Resolution 5722, Committee on Military Affairs, House of Representatives, 20 Mar 1924

Crawford, M. Dismantling the helium empire. Science, 237 (4812), 238–240 (1987)

Davis, W. Washington letter. J. Ind. Eng. Chem. 14 (1), (1922)

De Bruin, R.H. Helium resources of Wyoming. Wyoming Geological Association Guidebook, Wyoming, pp. 191–201 (1995)

Deaton, W.M., Haynes, R.D. Keyes plant makes helium at average cost of $9.11 per M.c.f. Oil Gas J. 20, 101–105 (1961)

Dickinson, H.C. Liquid helium. Sci. Mon. 34 (1), 75–77 (1932)

Dobbin, C.E. Geology of natural gases rich in helium, nitrogen, carbon dioxide, and hydrogen sulfide. Am. Assoc. Pet. Geol. 1957–1969 (1968)

Edwards, E., Elworthy, R.T. No. 68 : A continuous flow apparatus for the purification of impure Helium mixtures. University of Toronto Studies, Papers from the Physical Laboratories, University Library (1920)

Elworthy, R.T. Helium in Canada. Canada Mines Branch, No. 679, (1926)

Gardner, F.J. "Noble gas" is new target for 1961. Oil Gas J. 195 (1960)

Hamak, J.E. Helium Resources of Wyoming, pp. 117–121. Wyoming Geological Association Guidebook, Wyoming (1989)

Hammel, E.F., Krupka, M.C., Williamson, K.D. The continuing U.S. Helium Saga. Science 223 (4638), 789–792 (1894)

Haworth, E., McFarland, D.F., Fairchild, H.L. The Dexter, kansas, nitrogen gas well. Science 21 (527), 191–193 (1905)

Helium Act of 1937, Public—No. 411—75th Congress, Chapter 895—1st Session

Hoehling, A.A. Helium–U.S. "Secret Weapon" in the Battle of the Atlantic. Charles E. Rosendahl Collection, University of Texas, Dallas

Hoover, H. Statement about the Export of Helium. The American Presidency Project, Americanpresidency.org, 10 Oct 1930

Hopkins, B.S. Chemistry of the Rarer Elements. D.C. Heath & Co., Massachusetts (1923)

Jodry, R.L., Henneman, A.B. Helium, in natural gases of North America. American Association of Petroleum Geologists, Mem. 9, pp. 1970–1982

Kapitza, P. The liquefaction of Helium by an adiabatic method. Proc. Royal Soc. London, Ser. A Math. Phys. Sci. 147 (860), 189–211 (1934)

Keesom, W.H. Helium. Elsevier, Amsterdam (1942)

Kennedy, H.S., Mullins, P.V. Helium, U.S. Bureau of Mines. Minerals Yearbook, pp. 665–667 (1951)

Kennedy, H.S, Wheeler, H.P. Helium, U.S. Bureau of Mines. Minerals Yearbook, p. 437–439 (1952)

Kennedy, H.S, Wheeler, H.P. Helium, U.S. Bureau of Mines. Minerals Yearbook, p. 451–456 (1954)

Kinney, G.T. World's biggest helium plant opens. Oil Gas J. pp. 54–66 (1963)

Lee, H. Technical and economic aspects of Helium production in Southwest Saskatchewan. Canadian Department of Mineral Resources, Geological Report No. 72 (1962)

Letter from the Secretary of the Interior, Helium-Bearing Gas Lands in the Navajo Indian Reservation, N. Mex., Document No. 212, U.S. House of Representatives, 80th Congress, 1st Session, 17 Apr 1947

Lind, S.C. The origin of terrestrial helium and its association with other gases. American Chemical Society, 27 April 1925

Lipper, H.W. Helium, U.S. Bureau of Mines. Minerals Yearbook, pp. 471–475 (1959)

Lipper, H.W. Helium, U.S. Bureau of Mines. Minerals Yearbook. pp. 497–502 (1960)

Lipper, H.W. Helium, U.S. Bureau of Mines. Minerals Yearbook. p. 487–492 (1961)

Lipper, H.W. Helium, U.S. Bureau of Mines. Minerals Yearbook. pp. 517–524 (1962)

Lipper, H.W. Helium, U.S. Bureau of Mines, Minerals Yearbook. pp. 523–531 (1963)

Manning, V.H. U.S. Army gas service. American Institute of Mining Engineers. Mon. Bull. 141 (1918)

Manning, V.H. Petroleum investigations and production of helium U.S. Bureau of Mines. Bulletin Vol. 178C (1919)

McLennan, J.C. No. 69 : The production of helium from the natural gases of Canada. University of Toronto, Papers from the Physical Laboratories, University Library (1920a)

McLennan, J.C. Report on some sources of helium in the British empire. Canada Department of Mines (1920b)

McLennan, J.C. Helium gas and its uses. Sci. Mon. 20 (4), 424–427 (1925)

McFarland, D.F. Composition of a gas from a well at Dexter, Kansas. Trans. Kansas Acad. Sci. 19, 60–62 (1903–1904)

Mendelssohn, K. Superfluids. Science 127 (3292), 215–221 (1958)

Mielke, J.E. The federal helium program: the reaction over an inert gas. CRS Report for Congress, Science Policy Research Division, 95–197 SPR, 9 Oct 1996

Moore, R.B. The low temperature laboratory of the bureau of mines. Science 52 (1351), 483–484 (1920)

Moore, R.B. Helium its history, properties, and commercial development. J. Franklin Inst. 191, 145 (1921)

Mullins, P.V. Helium production process. Sci. Mon. 71 (5), 298–301 (1950)

Mullins, P.V. Are we assured of an adequate and continuing supply of helium? Oil Gas J. 96–105 (1961)

Mullins, P.V., Gooding, R.M. Helium, U.S. Bureau of Mines. Minerals Yearbook, pp. 599–602 (1949)

Mullins, P.V., Wheeler, H.P. Helium, U.S. Bureau of Mines. Minerals Yearbook, pp. 609–612 (1950)

Page, C.H. Van der Waals forces in helium. Phys. Rev. 53, 426 (1938)

Pollard, W.A. United States helium-production plant, fort worth, Texas, navy department, public works of the navy. Bulletin 31, 13–46

Pylant, H.S. Helium its status today and its promise for tomorrow. Oil Gas J. 98–106 (1962)

Rauzi, S.L., Fellows, L.D. Arizona has helium. Arizona Geol. 33 (4), 1–14 (2003)

Richardson, R.C., et al. Selling the Nation's Helium Reserve. National Academies Press, Washington, DC (2010)

Rogers, G.S. Helium-bearing natural gas. U.S. Geological Survey, Professional Paper 121, (1921)

Roosevelt, F.D. Excerpts from press conference. The American Presidency Project, Americanpresidency.org, 25 May 1937

Roosevelt, F.D. Statement on the export of helium. The American Presidency Project, Americanpresidency.org, 11 May 1938

Roosevelt, F.D. Recommendation on a policy for helium export. The American Presidency

Project, Americanpresidency.org, 25 May 1937

Rosendahl, C.E., Lehmann, E.A., Campbell, G.W. The military importance of helium. Charles E. Rosendahl Collection, University of Texas, Dallas

Rosendahl, C.E. U.S. Navy warships in World War II. Charles E. Rosendahl Collection, University of Texas, Dallas

Rosewarne, P.V. Helium in Canada from 1926 to 1931. Canada Department of Mines, Mines Branch, No. 727-2 (1931)

Royston, M.K., Wheeler, H.P. Helium, U.S. Bureau of Mines. Minerals Yearbook, pp. 441-445 (1956)

Sawatzky, H.B., Agarwal, R.G., Wilson, W. Helium prospects in southwest Saskatchewan. Canadian Department of Mineral Resources, Geological Report No. 49, (1960)

Seibel, C.W. The government's new helium plant at Amarillo, Texas. Chem. Mater. Eng. 38 (9), 550-552 (1930)

Seibel, C.W. Production of helium at Amarillo. Ind. Eng. Chem. 30 (8), 848-852 (1938)

Seibel, C.W., Cady, H.P. Beginnings of the helium industry. Ind. Eng. Chem. 30 (8), 845-847 (1938)

Seibel, C.W., Kennedy, H.S. Helium, U.S. Bureau of Mines. Minerals Yearbook, pp. 757-764 (1934)

Seibel, C.W., Kennedy, H.S. Helium, U.S. Bureau of Mines. Minerals Yearbook, pp. 867-869 (1935)

Seibel, C.W., Kennedy, H.S. Helium, U.S. Bureau of Mines. Minerals Yearbook, pp. 771-773 (1936)

Seibel, C.W., Kennedy, H.S. Helium, U.S. Bureau of Mines. Minerals Yearbook, pp. 1119-1121 (1937)

Seibel, C.W., Kennedy, H.S. Helium, U.S. Bureau of Mines. Minerals Yearbook, pp. 973-975 (1938)

Seibel, C.W., Kennedy, H.S. Helium, U.S. Bureau of Mines. Minerals Yearbook, pp. 1077-1079 (1939)

Seibel, C.W., Kennedy, H.S. Helium, U.S. Bureau of Mines. Minerals Yearbook, pp. 1103-1106 (1940)

Seibel, C.W., Cattell, R.A. Helium, U.S. Bureau of Mines. Minerals Yearbook, pp. 1179-1182 (1941)

Seibel, C.W., Kennedy, H.S. Helium, U.S. Bureau of Mines. Minerals Yearbook, pp. 593–598 (1947)

Seibel, C.W., Cattell, R.A. Helium, U.S. Bureau of Mines. Minerals Yearbook, pp. 624–626 (1948)

Senate Hearing, Production of Helium, Calendar No. 1117, Report No. 1052, 68th Congress, 2nd Session, 3 Feb (1925)

Smith, P.K., Pylant, H.S. Helium plant in commercial operation. Oil Gas J. 136–139 (1962)

Smith, R.K. The Airships Akron and Macon. Naval Institute Press, Annapolis (1965)

Snyder, W.E., Bottoms, R.R. Properties and uses of helium. Ind. Eng. Chem. 1189 (1930)

Staff Writer: The liquefaction of helium. Science 28 (710), 180 (1908)

Staff Writer: Perkin Medal awarded to Dr. F.G. Cottrell. American Institute of Mining Engineers. Mon. Bull. 147, LVI–LX (1919)

Staff Writer: Industrial notes. J. Ind. Eng. Chem. 12 (8), (1920)

Staff Writer: Dr. Moore joins staff of the Dorr Company. Ind. Eng. Chem. 15 (6), 606 (1923)

Staff Writer: S.C. Lind becomes chief chemist, bureau of mines. Ind. Eng. Chem. 15 (6), 647 (1923)

Staff Writer: Helium vs. hydrogen. Ind. Eng. Chem. 16 (3), 222 (1924a)

Staff Writer: Helium saves lives. Ind. Eng. Chem. 16 (11), 1200 (1924b)

Staff Writer: Helium—safety and conservation. Ind. Eng. Chem. 16 (9), 883–884 (1924c)

Staff Writer: Helium. Time Mag. (1926)

Staff Writer: Helium low. Time Mag. (1927)

Staff Writer: Dirigible helium. Time Mag. (1929a)

Staff Writer: Helium plant makes initial shipment. Ind. Eng. Chem. 21 (6), 524 (1929b)

Staff Writer: Helium at Akron. Ind. Eng. Chem. 21 (12), 1157 (1929c)

Staff Writer: Coldest cold. Time Mag. (1929d)

Staff Writer: Dirigible scene. Time Mag. (1932)

Staff Writer: Lighter-than-air. Time Mag. (1933)

Staff Writer: U.S. government to export its first helium for New German Zeppelin. Life Mag. (1938a)

Staff Writer : Helium to Germany. Time Mag. (1938b)

Staff Writer : Hopeful experiment. Time Mag. (1938c)

Staff Writer : Courting gas. Time Mag. (1939)

Staff Writer : Blimp fleet. Time Mag. (1942a)

Staff Writer : Answers on the Atlantic. Time Mag. (1942b)

Staff Writer : Dirigible admiral. Time Mag. (1943)

Staff Writer : Relieving the helium bind. Chem. Week 57–60 (1961a)

Staff Writer : Crisis in helium puffs up a boom. Bus. Week 160–164 (1961b)

Staff Writer : Helium conservation storage field ready. Dallas Times Herald, 14-A (1962)

Staff Writer : Liquid helium comes on strong. Chem. Week (1964)

Staff Writer : Canadian helium to lose present markets in Europe. Oilweek 14 (1965)

Staff Writer : Canadian-made helium may propel airships. Montreal Star (1963)

Stein, H. The Helium Controversy, American-Civil Military Decisions. University of Alabama Press, Alabama (1963)

Stewart, A. Production of Helium for Use in Airships. Bulletin 178C, Bureau of Mines, pp. 78–87 (1919)

Stewart, A. About Helium, Information Circular 6745. United States Bureau of Mines, Sept (1933)

Tade, M.D. Helium storage in cliffside field. J. Pet. Technol. 885–888 (1967)

Teed, P.L. A review of the helium question. Aircr. Eng. 234–235 (1930)

Thomson, E. Helium. Science 65 (1682), 299–300 (1927)

Thomasson, E.M. Helium, U.S. Bureau of Mines. Minerals Yearbook, pp. 499–508 (1964)

Toland, J. The Great Dirigibles—Their Triumphs and Disasters. Dover Publications, New York (1972)

U.S. Bureau of Mines : Termination of helium contracts. Technical Report, Des., pp. 72–61, 16 May 1972

U.S. Bureau of Standards : Liquefaction of helium. Technical News Bull. 168 (1931)

U.S. Government Accounting Office : Unique helium resources are wasting : a new conservation policy is needed. Report to the Congress of the United States, EMD, pp. 78–98, 7 March 1979

Weaver, E.R. Bibliography of helium literature. J. Ind. Eng. Chem. Ⅱ (7), 682–688 (1919)

Wheeler, H.P. Helium, U.S. Bureau of Mines. Minerals Yearbook, pp. 431–435 (1955)

Wheeler, H.P., Kennedy, H.S. Helium, U.S. Bureau of Mines. Minerals Yearbook, pp. 464–467 (1953)

Wilcox, Q.L., Wheeler, H.P. Helium, U.S. Bureau of Mines. Minerals Yearbook, pp. 469–473 (1957)

Wilcox, Q.L., Wheeler, H.P. Helium, U.S. Bureau of Mines. Minerals Yearbook, pp. 473–477 (1958)

Yant, W.P. Helium in deep sea diving, industrial and engineering chemistry. News Ed. 5 (5), 4 (1927)

第 6 章

1996 年《氦私有化法案》

在 20 世纪 90 年代初，美国氦行业需要进行改革。提议修改 1960 年的氦法案，允许政府机构从私人生产商购买氦。在《矿产年鉴 1993》中，副总统国家绩效审查（NPR）揭示了以下内容：

> 经过评估，联邦政府决定重新审视其在联邦氦计划中的角色。报告指出，该计划可以更高效地运行，减少联邦氦客户的支出并增加收入。建议取消氦债务、降低美国矿务局（USBM）对氦的销售价格、停止非营利性功能、提高氦运营效率，并根据市场条件允许开始销售粗氦。美国矿务局正在将这些建议应用于氦计划的实施中。

显然，为了解决私有化问题，需要进行更多的讨论，其中最重要的就是与埃克森石油公司和主要工业气体公司等能源巨头达成合理、非竞争性的政府协议，这些公司在私有氦行业中已经站稳了脚跟。如果政府为了清理他们的库存而降低氦的出售价格，那么很可能会引发一场针对政府的公关运动。

1995 年，国会提出一项法案，强调了需要解决的各种问题（摘自《矿产年鉴 1994》）。

（1）停止矿务局的氦销售，并允许政府购买私人生产的氦。
（2）处理政府的氦资源。
（3）建立一个有序的克利夫赛德气田储备销售计划。
（4）维护克利夫赛德气田以及政府 425 英里的管道运营。
（5）继续租赁含氦储量的联邦土地。
（6）消除氦的债务。

次年，克林顿总统于 1996 年 10 月 9 日签署了《氦私有化法案》。该法案规定美国政府必须在 1998 年之前终止生产和销售 A 级氦气，并处置所有与政府相关的氦资产，并在 2015 年之前出售克利夫赛德气田所持有的储备氦（除了政府要保留的 6 亿立方英尺）。根据该法案，1998 年 3 月最后一个联邦氦工厂埃克塞尔工厂被关闭，随后被卖给私人买家。

克利夫赛德气田储存的大约 300 亿立方英尺氦被要求在 2015 年 1 月 1 日之前按照线上直销方式出售，并以"最小市场干扰"的方式进行。克利夫赛德氦气的价格是为了在 2015 年之前完全偿还美国的氦气债务而制定的，当时克利夫赛德气田被授权关闭（或氦气债务偿还，以先到者为准）。计算氦价格的公式是用克利夫赛德气田的总氦储量除以剩余的氦债务，并根据消费者价格指数（CPI）进行调整。在 2000 年（以 1996 年的美元为基准计算[1]），这个价格被计算为每千立方英

---

[1] 每千立方英尺 43 美元的价格代表 1996 年的美元价值。全年的公布价格为每千立方英尺 49.50 美元。政府公布的氦气价格可在以下网址查阅：http://www.blm.gov/nm/st/en/prog/energy/helium/helium_operators_information/crude_helium_price.html。

尺43美元，而私人生产的氦当时售价为每千立方英尺32美元（大约比私人生产的氦高出34%）。由于这种价格差异，人们认为克利夫赛德气田销售的氦是最后一道供应线。此时，克利夫赛德气田储存的氦是世界上价格最高的，并且提纯厂主要依靠私人生产商提供氦。因此，在1996年氦法案通过时，该法案制定的公式价格似乎是十分谨慎的。

在该法案通过后不久，国家学院出版社发布了一份名为《出售联邦氦储备的影响》的可行性研究报告，重点强调了目前政府的作用以及由于该法案可能产生的任何潜在且有害的后果。在这项研究进行的时候，氦行业相对稳定，并且人们并不认为克利夫赛德气田的提取量会超过预估。1998年，国内大约98%的氦需求由私营企业满足，而剩下的2%由政府供应。政府提供的2%份额中，大部分被分配给了国防部、能源部和美国国家航空航天局。当时，人们普遍认为私人生产来源的氦足够多，以至于从克利夫赛德气田开始退股的时间比预期得要晚得多。在20世纪90年代，美国的氦生产商能够满足所有当前国内需求和部分国际需求，而剩余的外国需求则由波兰、俄罗斯和阿尔及利亚的工厂提供。

几乎在2000年可行性研究之后，上述法案几乎每个方面都不再相关，主要是由于需求远高于预期，同时国内私人供应逐渐减少。随着雨果顿气田的私有氦资源在20世纪末耗尽，克利夫赛德气田很快成为全国最便宜的氦资源，这得益于上述非常低廉、公式化的价格。原本设计作为工业气体的公司最后一道选择资源很快变成了首选资源，并因此阻碍了寻找新的国内来源的动力。自那时以来，克利夫赛德气田的氦储量一直以远低于市场价格出售，从而导致美国纳税人所拥有资源的收入减少。

由于需求不断增加，国外的氦供应逐步增加。1994年，阿尔及利亚的阿尔泽地区的赫利俄斯工厂开始从巨大的海上赫利俄斯气田提取氦。这个气田是第一个大型的外国氦资源，并主要出口到远东等外国市场。美国的需求由美国自身供应满足，这些氦并没有出口到北美洲。

2000年和2001年，外国需求分别增长了38%和16%，表明国际消费（尤其是在亚洲地区）呈增长趋势。这种不断增长的需求导致了在阿尔及利亚斯基克达建设了一个新的氦设施（于2007年开始生产），以及卡塔尔拉斯拉法恩一个于2005年投入使用的氦设施的建立。就像阿尔泽工厂一样，这两个项目之所以能够生产氦，是因为它们已经将大量的天然气液化用于液化天然气出口市场。与美国和其他地方相比，这些地区的氦浓度实际上要低得多，但由于所有的天然气都被液化了（在常温下无法液化），纯净形式的氦会从顶部逃逸出来。随后，进一步的氦处理和液化将用于满足区域和远东地区的最终用户需求。这两个设施的启动遭遇了长时间的延迟，直到开始生产氦，从而增加了美国的出口量。

从 1996 年到现在，人们对氦的需求不断增加，只有 2008—2009 年的经济衰退期间氦的需求才逐渐稳定。然而，在经济复苏之后，需求再次增长，并且全球氦的主要资源仍然是美国克利夫赛德气田的氦储备，那里拥有世界上最便宜的氦。但很快就发现，这些氦储备以远低于市场价格出售的同时，也不利于新资源的探索。❶ 随着 2012—2013 年氦供应变得更加严峻，美国国会代表氦终端用户和美国纳税人采取行动，解决以下问题：(1) 使克利夫赛德气田在即将关闭之际继续运营；(2) 解决美国纳税人以非常低廉、非市场价格出售氦的问题；(3) 鼓励开发新的国内资源。

　　由于氦债务的偿还速度超出预期，克利夫赛德气田原计划在 1996 年法案规定的时间之前一年关闭。❷ 如果克利夫赛德气田关闭，将会引发全球危机，因为它在全球氦市场中扮演着重要角色。就在美国政府强制储备于 2013 年末关闭之前，奥巴马总统于当年 10 月 2 日签署了 2013 年《氦气管理法案》。这项法案是民主党和共和党共同努力的成果，旨在保持克利夫赛德气田的开放和维护，以避免对世界氦市场造成扰乱，并对重要终端用户（尤其是国内用户）产生不利影响。该法案还旨在帮助其他"非炼油商"获得对此前仅由三家提纯公司控制的土地管理局渠道的使用权。此外，它还确保了氦的联邦用户，他们可能会受到氦供应中断的严重影响。然而，更重要的是，该法案同意克利夫赛德气田的氦以低于市场的价格出售，并由美国纳税人承担费用。因此，该法案对氦储量进行了阶段性拍卖，以建立一个以市场为基础的价格，以造福美国纳税人。

　　《氦气管理法案》的通过基本上是按计划进行的，但自实施以来，出现了几个问题。一个主要问题是提纯厂和非提纯厂之间缺乏谈判达成的收费安排。根据 2013 年法案，如果有过剩产能，土地管理局渠道的提纯厂必须以"商业上合理的费率"向非提纯厂"收费"。然而，这些收费协议如今仍是提纯厂关注的焦点。也就是说，提纯厂不认为他们应该在自己的加工厂去输送天然气帮助竞争对手。

　　为了解决一些收费问题，美国土地管理局于 2014 年 3 月 6 日举行了一个调查会议，以听取提纯厂和非提纯厂的意见，帮助解决这个重要问题。一位非提纯厂负责人在谈到与其他方达成收费安排时表示：

　　　　自从这次销售以来，提纯厂对联邦系统的回应继续引发严重问题，即《氦管理法案》中包含的改革是否能够有效实施，以及国会的目标是否能够实现。到目前为止，还没有提纯厂回复我们的收费请求，并在网

---

❶ 虽然氦不形成分子，但工业界称氦为分子，而不是原子。
❷ 1996 年的法案在 2015 年的最后期限或全额偿还氦气债务之前终止，以先到者为准。氦债完成偿还在 2015 年最后期限之前。

站提供适当的承诺可用收费服务，为最近购买的数量［商业景气调查机构（IFO）数据］提供合理的商业价格。如果这些问题没有得到解决，最多可能有 4000 万立方英尺的氦无法供给国内终端用户，而且随着每次销售，这个数量只会增加。然而，非提纯厂随时准备为最终用户社区服务，只要找到一个提纯厂，他愿意以可靠的承诺和真正的合理商业价格来收取这些氦。

由于无法解决收费问题，美国国土资源部（BLM）于 2014 年 7 月 31 日举行了首次联邦氦拍卖。总共有 9281.4 万立方英尺的粗氦气被拍卖，并由两家提纯厂在美国国土资源部渠道上购买。当然，这次提纯厂的购买行为消除了签订收费合同的必要性，而是将其推迟到下一次拍卖日期。美国国土资源部为美国财政部创造了 1490 万美元的总收入，平均每千立方英尺氦 161.32 美元。如果没有进行这次拍卖，这批氦将以每千立方英尺 95 美元的传统公式价格出售，从而使美国财政部失去了拍卖所产生的额外 616 万美元。

联邦氦储备由美国纳税人所有，这意味着纳税人从这次拍卖的氦中获得了公平的市场价格，虽然数量很少，但这些氦通常以低于市场的价格出售。然而，争论的焦点是拍卖出的氦与剩余储量之间的价格差异，剩余储量仍以公式化的、非市场驱动的价格出售。也就是说，161.32 美元的平均拍卖价格远高于每千立方英尺 95 美元的公式化价格。使用 10% 的拍卖氦乘以平均拍卖价格的加权平均值，以及 90% 的剩余储量乘以 95 美元的公式价格，得出"新的"公式价格为每千立方英尺 106 美元。因此，美国纳税人仍然无法以公平的市场价格购买储备中剩余的氦。

国会议员正在研究这种价格差异，以便美国纳税人能够以公平的价格购买储备中剩余的氦。但要想让纳税人在这笔资源上得到公平对待，还有很长的路要走。提纯厂认为，为了获得更大的利润，氦应该继续以公式价格出售。当然，这对其他想要在世界各地寻找新氦资源的公司来说是一种损害，尤其是在美国。如果允许真正的市场力量发挥作用，新的氦资源将被寻找和加工，最终可以形成更多的氦供应。

氦的定价一直是过去 10 年左右供应问题存在的主要原因。由于美国政府人为地压低了纳税人拥有的氦的价格，这阻碍了真正的市场力量作用的发挥。由于政府的克利夫赛德气田的氦供应仍然是世界上价格最低的，没有替代品，这严重影响了依赖氦的终端用户。国会正在想办法解决这个问题，但进展缓慢。解决未来供应问题的唯一办法是采用完全的市场定价机制，并寻求新的供应来满足不断上升的需求。

如今，氦供应问题仍然非常紧张，但加拿大、美国、俄罗斯、阿尔及利亚和卡塔尔的新项目仍然充满希望。历史上一直是氦出口国的美国，在未来几年将很快开始其历史上第一次进口。在本书出版时，卡塔尔二号氦项目年产能为13亿立方英尺（不包括卡塔尔一号年产能7亿立方英尺）的氦项目于2013年上线，占全球总需求的25%，成为世界上最大的氦中心。随着美国克利夫赛德气田储量的持续减少，它将在21世纪20年代初的某个时候真正不再是氦的主要供应者。新的资源必须尽快投入使用，随着氦价格的不断上涨，不断刺激寻找和钻探新资源的动力。

随着美国克利夫赛德气田的氦储备在未来几年内将耗尽，未来的氦供应将面临风险，除非找到新的储备，甚至是优于上述的储备。从1960年美国氦法案来看，考虑到供应低下情况是奇怪的，该法案试图将氦储存在克利夫赛德气田中，以主要满足美国国家航空航天局的需求。如果该法案从未通过呢？这是完全有可能的，所有在第1章中提到的用途将受到严重影响。核磁共振成像市场、半导体和光纤行业也肯定会受到影响。如果没有这些技术的进步，经济会是什么样子？只是因为1960年的法案，现在才有了氦，但正是1996年的法案，尽管无意中以远低于市场的价格出售氦，挥霍了这些储备。

事实上，氦与煤、石油和天然气一样，是一种有限的资源。尽管地球内部的产量大于开采量，但为市场寻找新的供应仍需要巨大的风险资本。如果一个真正的市场体系能够运作，正如2013年法案所希望实现的那样，那么寻找更多资源的动力就会出现。然而，就目前而言，美国克利夫赛德气田氦（世界上主要的氦供应商）的价格仍然太低，无法吸引新的参与者进入氦勘探领域。

扩展阅读

Beebe, R.R., et al. The Impact of Selling the Federal Helium Reserve. National Academies Press, Washington, DC（2000）

Bureau of Land Management Crude Helium Price. http：//www.blm.gov/style/medialib/blm/nm/programs/0/helium_docs.Par.42872.File.dat/FY2015%20Posted%20Price%20a.pdf 6 Aug 2014

Cockerill, R. Production landmark reached for Algerian plant, Gasworld. http：//www.gasworld.com/production-landmark-reached-for-algerian-helium-plant/2238.article 19 Nov 2007

David, J. (President, Air Liquide Helium America, Inc.), Helium Stewardship Act of 2013, U.S. Bureau of Land Management, Public Scoping Meeting, Amarillo, Texas. http://www.blm.gov/style/medialib/blm/nm/programs/0/helium_docs.Par.75820.File.dat/Joyner_BLM_Scoping%20Mtg_Oral_Stmnt.pdf 6 Mar 2014

Federal Helium Program, U.S. Bureau of Land Management. http://www.blm.gov/nm/st/en/prog/energy/helium_program.html

Garvey The 2014 Worldwide Helium Market, Cryogas International. http://www.cryogas.com/pdf/Link_2014HeliumMkt_Garvey.pdf. pp. 32–36 June 2014

Groat, C.G., et al. Selling the Nation's Helium Reserve. National Academies Press, Washington, DC (2010)

Hamak, J.E. Helium, U.S. Geological Survey, Minerals Yearbook. http://minerals.usgs.gov/minerals/pubs/commodity/helium/myb1–2012–heliu.pdf (2012)

Hamak, J.E. Helium, U.S. Geological Survey, Minerals Commodity Summaries.
http://minerals.usgs.gov/minerals/pubs/commodity/helium/mcs–2014–heliu.pdf Feb 2014

Hastings, D., et al. Oversight hearing on "the past, present and future of the federal helium program" and legislative hearing on H.R. 527, U.S. house of representatives, committee on natural resources. http://naturalresources.house.gov/calendar/eventsingle.aspx? EventID=31922514 Feb 2013

Hayes, D.V. Helium, U.S. geological survey, minerals yearbook. http://minerals.usgs.gov/minerals/pubs/commodity/helium/330498.pdf (1998)

Helium, Qatar's journey, RasGas. http://www.rasgas.com/Files/Operations/helium_qatars_journey.pdf

Helium Stewardship Act of 2013, Public Law 113–40. http://www.gpo.gov/fdsys/pkg/PLAW–113publ40/pdf/PLAW–113publ40.pdf 2 Oct 2013

Lamborn, D., et al. Oversight hearing on "Helium: supply shortages impacting our economy, national defense and manufacturing", U.S. house of representatives, subcommittee on energy and mineral resources. http://naturalresources.house.gov/calendar/eventsingle.aspx? EventID=30299520 Jul 2012

Pacheco, N. Helium, U.S. geological survey, minerals yearbook. http://minerals.usgs.gov/minerals/pubs/commodity/helium/330400.pdf (2000)

Pacheco, N. Helium, U.S. geological survey, minerals yearbook. http://minerals.usgs.gov/minerals/pubs/commodity/helium/330401.pdf (2001)

Pacheco, N. Helium, U.S. geological survey, minerals yearbook. http://minerals.usgs.gov/minerals/pubs/commodity/helium/helimyb02.pdf(2002)

Pacheco, N. Helium, U.S. geological survey, minerals yearbook. http://minerals.usgs.gov/minerals/pubs/commodity/helium/heliumyb03.pdf(2003)

Pacheco, N. Helium, U.S. geological survey, minerals yearbook. http://minerals.usgs.gov/minerals/pubs/commodity/helium/heliumyb04.pdf(2004)

Pacheco, N. Helium, U.S. geological survey, minerals yearbook. http://minerals.usgs.gov/minerals/pubs/commodity/helium/heliumyb05.pdf(2005)

Pacheco, N. Helium, U.S. geological survey, minerals yearbook. http://minerals.usgs.gov/minerals/pubs/commodity/helium/myb1-2006-heliu.pdf(2006)

Pacheco, N. Helium, U.S. geological survey, minerals yearbook. http://minerals.usgs.gov/minerals/pubs/commodity/helium/myb1-2007-heliu.pdf(2007)

Pacheco, N. Helium, U.S. geological survey, minerals yearbook. http://minerals.usgs.gov/minerals/pubs/commodity/helium/myb1-2008-heliu.pdf(2008)

Pacheco, N., Thomas, D. Helium, U.S. geological survey, minerals yearbook. http://minerals.usgs.gov/minerals/pubs/commodity/helium/myb1-2009-heliu.pdf(2009)

Peterson, J.B. Helium, U.S. geological survey, minerals yearbook. http://minerals.usgs.gov/minerals/pubs/commodity/helium/330496.pdf(1996)

Peterson, J.B. Helium, U.S. geological survey, minerals yearbook. http://minerals.usgs.gov/minerals/pubs/commodity/helium/330497.pdf(1997)

Peterson, J.B. Helium, U.S. geological survey, minerals yearbook. http://minerals.usgs.gov/minerals/pubs/commodity/helium/330499.pdf(1999)

Peterson, J.B., Madrid, P.J. Helium, U.S. geological survey, minerals yearbook. http://minerals.usgs.gov/minerals/pubs/commodity/helium/myb1-2010-heliu.pdf(2010)

Peterson, J.B., Madrid, P.J. Helium, U.S. geological survey, minerals yearbook. http://minerals.usgs.gov/minerals/pubs/commodity/helium/myb1-2011-heliu.pdf(2011)

Pratap, J. Qatar is world's top helium exporter with QR1.8bn new plant, Gulf Times. http://www.gulf-times.com/business/191/details/374440/qatar-is-world's-top-heliumexporter-with-qr18bn-new-plant 12 Dec 2013

Qatar's Helium 2 plant officially inaugurated, RasGas. http://www.rasgas.com/media/press_he2inauguration.html 11 Dec 2013

Shiryaevskaya, A. Russia set to top helium supply as U.S. sells reserve, Bloomberg. http：//www.bloomberg.com/news/2011-02-09/russia-aims-for-top-spot-in-helium-production-as-u-sdepletes-stockpiles.html 9 Feb 2011

Webb, A., de Beaupuy, F. Cold War Relic's Closure Shunts Helium Focus to Qatar, Bloomberg. http：//www.bloomberg.com/news/2014-07-10/air-liquide-and-linde-in-helium-hunt-as-texasreserves-dry-up.html 11 Jul 2014